中国电子学会物联网专家委员会推荐

普通高等教育物联网工程专业"十二五"规划教材

嵌入式物联网技术应用

彭 力 编著

西安电子科技大学出版社

内 容 简 介

本书是物联网工程专业核心课程教材,全书共分 8 章:第 1 章阐述物联网系统与嵌入式技术的结合,以及物联网与嵌入式系统特点的天然与必然的联系;第 2 章介绍嵌入式系统的基础知识和技能;第 3 章结合车载监控系统谈嵌入式系统的开发;第 4 章结合传感网系统谈嵌入式应用系统的开发;第 5 章结合无线射频识别系统谈嵌入式系统的开发;第 6 章介绍能耗嵌入式网关的设计与实现;第 7 章介绍嵌入式 SIM 卡;第 8 章详细讲解一个综合嵌入式物联网系统的设计与开发。

本书适合大中专学生结合物联网应用背景学习嵌入知识以及熟悉嵌入式应用技能,还适合研究生和工程师进行物联网应用的方案分析设计和工程开发实施。

图书在版编目(CIP)数据

嵌入式物联网技术应用/彭力编著. —西安:西安电子科技大学出版社,2015.2
普通高等教育物联网工程专业"十二五"规划教材
ISBN 978-7-5606-3569-9

Ⅰ. ① 嵌… Ⅱ. ① 彭… Ⅲ. ① 互联网络—应用—高等学校—教材 ② 智能技术—应用—高等学校—教材 Ⅳ. ① TP393.4 ② TP18

中国版本图书馆 CIP 数据核字(2015)第 013902 号

策　　划　刘玉芳
责任编辑　阎　彬　王　静
出版发行　西安电子科技大学出版社(西安市太白南路 2 号)
电　　话　(029)88242885　88201467　　邮　　编　710071
网　　址　www.xduph.com　　　　电子邮箱　xdupfxb001@163.com
经　　销　新华书店
印刷单位　陕西天意印务有限责任公司
版　　次　2015 年 1 月第 1 版　　2015 年 1 月第 1 次印刷
开　　本　787 毫米×1092 毫米　1/16　印　张　11.5
字　　数　263 千字
印　　数　1~3000 册
定　　价　22.00 元

ISBN 978-7-5606-3569-9/TP

XDUP 3861001-1

如有印装问题可调换

普通高等教育物联网工程专业"十二五"规划教材
编审专家委员会名单

总顾问：姚建铨　天津大学、中国科学院院士　教授

顾　问：王新霞　中国电子学会物联网专家委员会秘书长

主　任：王志良　北京科技大学信息工程学院首席教授

副主任：孙小菡　东南大学电子科学与工程学院　教授

　　　　曾宪武　青岛科技大学信息科学技术学院物联网系主任　教授

委　员：（成员按姓氏笔画排列）

　　　　王洪君　山东大学信息科学与工程学院副院长　教授

　　　　王春枝　湖北工业大学计算机学院院长　教授

　　　　王宜怀　苏州大学计算机科学与技术学院　教授

　　　　白秋果　东北大学秦皇岛分校计算机与通信工程学院院长　教授

　　　　孙知信　南京邮电大学物联网学院副院长　教授

　　　　朱昌平　河海大学计算机与信息学院副院长　教授

　　　　邢建平　山东大学电工电子中心副主任　教授

　　　　刘国柱　青岛科技大学信息科学技术学院副院长　教授

　　　　张小平　陕西物联网实验研究中心主任　教授

　　　　张　申　中国矿业大学物联网中心副主任　教授

　　　　李仁发　湖南大学教务处处长　教授

　　　　李朱峰　北京师范大学物联网与嵌入式系统研究中心主任　教授

　　　　李克清　常熟理工学院计算机科学与工程学院副院长　教授

　　　　林水生　电子科技大学通信与信息工程学院物联网工程系主任　教授

项目策划：毛红兵

策　　划：邵汉平　刘玉芳　王　飞

前　言

　　本书根据各行各业物联网系统的需求，研究物联网系统的核心技术以及分析和设计方法，探讨现有的嵌入式技术、网络技术和物联网系统紧密结合的技术，最后结合典型行业分析集成方法和技术的应用特点，给出设计方案和实现案例，为物联网系统集成技术的广泛应用提供参考指导和示范。

　　本书是物联网工程专业核心课程教材，全书共分 8 章：第 1 章阐述物联网系统与嵌入式技术的结合，以及物联网与嵌入式系统特点的天然与必然的联系；第 2 章介绍嵌入式系统的基础知识和技能；第 3 章结合车载监控系统谈嵌入式系统的开发；第 4 章结合传感网系统谈嵌入式应用系统的开发；第 5 章结合无线射频识别系统谈嵌入式系统的开发；第 6 章介绍能耗嵌入式网关的设计与实现；第 7 章介绍嵌入式 SIM 卡；第 8 章详细讲解一个综合嵌入式物联网系统的设计与开发。

　　本书突出厚实的理论基础、饱满的知识结构、综合的工程实践等特点，以更高的起点和系统化视角进行嵌入式物联网系统研发。通过学习本书，可以大幅度开拓本科、专科专业学生知识面和工程应用视野，满足综合集成创新实践的需求，提升学生分析设计系统的能力，对物联网工程开发也有指导作用。

　　本书由江南大学物联网工程学院的彭力教授编著。江南大学冯伟工程师、吴治海博士、闻继伟博士、李稳高级工程师以及周微、顾鑫鑫、曹颉、吴爽爽、王聪豪等研究生参加了编写和平台开发工作，在此向他们表示感谢。

彭　力

2014 年 7 月于无锡

目　　录

第1章　嵌入式物联网概述

1.1　物联网基本概述

物联网被认为是几乎所有技术与计算机、互联网技术的结合，可以实现物体与物体之间，环境及状态信息实时的共享，以及智能化的收集、传递、处理、执行。广义上说，涉及信息技术的应用，都可以纳入物联网的范畴。

物联网理念最早可追溯到比尔·盖茨1995年《未来之路》一书。在《未来之路》中，比尔·盖茨已经提及物互联，只是当时受限于无线网络、硬件及传感设备的发展，并未引起重视。1998年，美国麻省理工学院(MIT)创造性地提出了当时被称作产品电子代码(EPC)系统的物联网构想。1999年，在物品编码、射频识别(RFID)技术和互联网的基础上，美国Auto-ID中心首先提出了物联网概念。

物联网的基本思想出现于20世纪90年代，2005年11月17日，在信息社会世界峰会(WSIS)上，国际电信联盟(ITU)发布了《ITU互联网报告2005：物联网》。报告指出，无所不在的"物联网"通信时代即将来临，世界上所有的物体从轮胎到牙刷、从房屋到纸巾都可以通过互联网主动进行信息交换。射频识别(RFID)技术、传感器技术、纳米技术、智能嵌入技术将得到更加广泛的应用。欧洲智能系统集成技术平台(EPoSS)于2008年在《物联网2020》(Internet of Things in 2020)报告中分析预测了未来物联网的发展阶段。

物联网将现实世界数字化，应用范围十分广泛。物联网的应用领域主要包括运输和物流领域、健康医疗领域、智能环境(家庭、办公、工厂)领域、个人和社会领域等，其具有十分广阔的市场和应用前景。

1.1.1　物联网的定义与特征

物联网(Internet of Things，IOT)的定义是：通过射频识别(RFID)、红外感应器、全球定位系统、激光扫描器等信息传感设备，按约定的协议，把任何物品与互联网连接起来，进行信息交换和通信，以实现智能化识别、定位、跟踪、监控和管理的一种网络。物联网的概念是在1999年提出的。物联网就是"物物相连的互联网"。这有两层意思：第一，物联网的核心和基础仍然是互联网，是在互联网基础上延伸和扩展的网络；第二，其用户端延伸和扩展到了任何物品与物品之间，进行信息交换和通信。

物联网是融合了互联网和移动互联网优势的网络，它能够让每一件物体开口讲话，从而实现人与物、物与物的直接沟通。和传统的互联网相比，物联网有其鲜明的特征：

首先，它是各种感知技术的广泛应用。物联网上部署了海量的不同类型的传感器，每个传感器都是一个信息源，不同类型的传感器所捕获的信息内容和信息格式不同。传感器获得的数据具有实时性，按一定的频率周期性地采集环境信息，并不断更新数据。

其次，它是一种建立在互联网上的泛在网络。物联网技术的重要基础和核心仍旧是互联网，通过各种有线和无线网络与互联网融合，将物体的信息实时准确地传递出去。在物联网上的传感器定时采集的信息需要通过网络传输，由于其数量极其庞大，形成了海量信息，在传输过程中，为了保障数据的正确性和及时性，必须适应各种异构网络和协议。

再次，物联网不仅仅提供了传感器的连接，其本身也具有智能处理的能力，能够对物体实施智能控制。物联网将传感器和智能处理相结合，利用云计算、模式识别等各种智能技术，扩充其应用领域。从传感器获得的海量信息中分析、加工和处理出有意义的数据，以适应不同用户的不同需求，发现新的应用领域和应用模式。

1.1.2 物联网的运用技术

从技术架构上来看，物联网可分为三层：感知层、网络层和应用层，如图1.1所示。

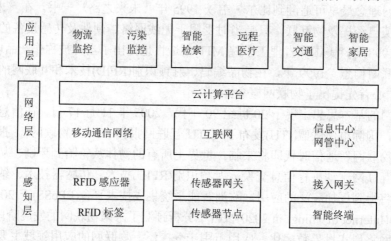

图 1.1 物联网技术架构图示

感知层由各种传感器以及传感器网关构成，包括二氧化碳浓度传感器、温度传感器、湿度传感器、二维码标签、RFID标签和读写器、摄像头、GPS等感知终端。感知层的作用相当于人的眼、耳、鼻和皮肤等神经末梢，其主要功能是识别物体，采集信息。

网络层由各种私有网络、互联网、有线和无线通信网、网络管理系统和云计算平台等组成，相当于人的神经中枢和大脑，负责传递和处理感知层获取的信息。

应用层是物联网和用户(包括人、组织和其他系统)的接口，它与行业需求结合，实现物联网的智能应用。

物联网的行业特性主要体现在其应用领域内，目前绿色农业、工业监控、公共安全、城市管理、远程医疗、智能家居、智能交通和环境监测等各个行业均有物联网应用的尝试，某些行业已经积累了一些成功的案例(见图1.2)。

简单讲，物联网是物与物、人与物之间的信息传递与控制。在物联网应用中，有三项关键技术。

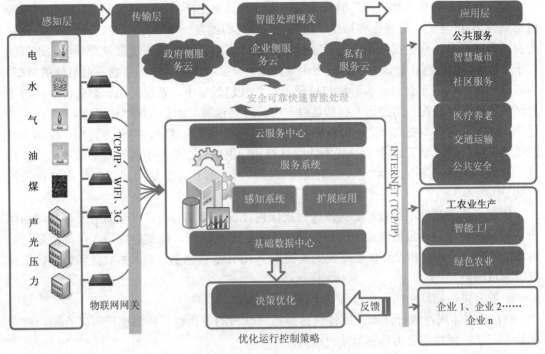

图 1.2　物联网应用与技术层次关系

(1) 无线传感器网络技术。这是物联网应用中的最前端关键技术，它是物体具有感知的重要一环。事物或环境参数，即温度、湿度、光照、压力、流量、位置、速度、加速度等属性通过各种传感器获取，并通过变送器和通信块传输到计算机中计算或显示。同时，随着网络规模的增大，通信往往要求是无线的，这样无线传感器网络 WSN 将是一项关键技术。另外，RFID 标签识别是物联网应用中非常重要的一种传感器技术，RFID 技术是融合了无线射频技术和嵌入式技术的综合技术，RFID 在自动识别、物品物流管理方面有着广阔的应用前景。

(2) 嵌入式技术。随着物联网技术大规模广泛应用，其末端的节点(也称作终端设备)要求性能更加稳定可靠、实时性更强、尺寸体积更小、能耗更加节省，成本也要更低，这些要求只有更强大的嵌入式技术才能满足，它能将众多的功能模块更高效地集成在一起工作。

(3) 智能技术。物联网的终极目标是要机器或系统更加智能地为人类服务，特别是大量数据采集传输到计算机服务器中后，如何发挥这些数据的作用，让这些数据能够提供更高效的服务或增值服务，就非常需要智能技术，如数据挖掘、专家系统、神经网络、模糊计算、各种进化算法(如遗传算法)等，从而提供更有价值的服务。

1.1.3　物联网的用途

物联网用途广泛，遍及智能交通、环境保护、政府工作、公共安全、平安家居、智能消防、工业监测、老人护理、个人健康、花卉栽培、水系监测、食品溯源、敌情侦查和情报搜集等多个领域。

毫无疑问，如果"物联网"时代来临，人们的日常生活将发生翻天覆地的变化。国际电信联盟 2005 年的一份报告曾描绘"物联网"时代的图景：当司机出现操作失误时，汽车会自动报警；公文包会提醒主人忘带了什么东西；衣服会"告诉"洗衣机对颜色和水温的要求；等等。物联网在物流领域内的应用则比如：一家物流公司应用了物联网系统的货车，当装载超重时，汽车会自动告诉用户超载了，并且超载多少，若空间还有剩余，会告诉用户轻重货物怎样搭配；当搬运人员卸货时，一只货物包装可能会大叫"你扔疼我了"，或者说"亲爱的，请你不要太野蛮，可以吗？"；当司机和别人闲谈时，货车会装作老板的声音怒吼"笨蛋，该发车了！"然而，先不谈隐私权和辐射问题，单把所有物品都植入识别芯片这一点现在看来还不太现实。人们正走向"物联网"时代，但这个过程可能需要很长的时间。

物联网技术是一项综合性的技术，目前国内还没有哪家公司可以全面负责物联网的整个系统规划和建设，虽然理论上的研究已经在各行各业展开，而实际应用还仅局限于行业内部。物联网的规划和设计以及研发的关键在于 RFID、传感器、嵌入式软件和传输数据计算等领域的研究。

一般来讲，物联网的运作过程如下：

(1) 对物体属性进行标识。属性包括静态属性和动态属性。静态属性可以直接存储在标签中；动态属性需要由传感器实时探测。

(2) 通过识别设备读取物体属性，并将信息转换为适合网络传输的数据格式。

(3) 将物体的信息通过网络传输到信息处理中心(处理中心可能是分布式的，如家里的电脑或者手机，也可能是集中式的，如中国移动的 IDC)，由处理中心完成物体通信的相关计算。

物联网把新一代 IT 技术充分运用在各行各业之中，具体地说，就是把感应器嵌入和装备到电网、铁路、桥梁、隧道、公路、建筑、供水系统、大坝、油气管道等各种物体中，然后将"物联网"与现有的互联网整合起来，实现人类社会与物理系统的整合。在这个整合的网络当中，存在能力超级强大的中心计算机群，能够对整合网络内的人员、机器、设备和基础设施实施实时的管理和控制。在此基础上，人类可以以更加精细及动态的方式管理生产和生活，达到"智慧"状态，提高资源利用率和生产力水平，改善人与自然间的关系。

1.1.4 物联网的前景与未来

"与计算机、互联网产业不同，中国在'物联网'领域享有国际话语权！"中国科学院(以下简称中科院)上海微系统与信息技术研究所副所长、中科院无锡高新微纳传感网工程中心主任刘海涛自豪地说。

目前，我国的无线通信网络已经覆盖了城乡，从繁华的城市到偏僻的农村，从海岛到珠穆朗玛峰，到处都有无线网络的覆盖。无线网络是实现"物联网"必不可少的基础设施，安置在动物、植物、机器和物品上的电子介质产生的数字信号可随时随地通过无处不在的无线网络传送出去。"云计算"技术的运用，使数以亿计的各类物品的实时动态管理变得可能。

在"物联网"这个全新产业中，我国的技术研发水平处于世界前列，具有重大的影响力。中科院早在 1999 年就启动了传感网研究，与其他国家相比具有同发优势。该院组成了 2000 多人的团队，先后投入数亿元，在无线智能传感器网络通信技术、微型传感器、传感器终端机、移动基站等方面取得重大进展，目前已拥有从材料、技术、器件、系统到网络的完整产业链。在世界传感网领域，中国与德国、美国、韩国一起，成为国际标准制定的主导国之一。

业内专家表示，掌握"物联网"的世界话语权，不仅仅体现在技术领先，更在于我国是世界上少数能实现产业化的国家之一。这使我国在信息技术领域迎头赶上甚至占领产业价值链的高端成为可能。

中科院无锡微纳传感网工程技术研发中心(以下简称"无锡传感网中心")是国内目前研究物联网的核心单位。2009 年 8 月 7 日，温家宝总理在江苏无锡调研时，对无锡传感网中心予以高度关注，提出了把传感网络中心设在无锡、辐射全国的想法。温家宝总理指出"在传感网发展中，要早一点谋划未来，早一点攻破核心技术""在国家重大科技专项中，加快推进传感网发展""尽快建立中国的传感信息中心，或者叫'感知中国'中心"。江苏省委省政府接到指示后认真落实总理的要求，热情拥抱"物联网"，突出抓好平台建设和应用示范工作，并迅速形成了研发安全感与产业突破的先发优势。无锡市则作出部署：举全市之力，抢占新一轮科技革命制高点，把无锡建成传感网信息技术的创新高地、人才高地和产业高地。

2009 年，无锡传感网中心的传感器产品在上海浦东国际机场和上海世博会被成功应用，首批价值 1500 万元的传感安全防护设备销售成功，这套设备由 10 万个微小的传感器组成，散布在墙头、墙角、墙面和周围道路上。传感器能根据声音、图像、震动频率等信息分析判断爬上墙的究竟是人，还是猫、狗等动物。

多种传感手段组成一个协同系统后，可以防止人员的翻越、偷渡、恐怖袭击等攻击性入侵。由于效率高于美国和以色列的防入侵产品，国家民航总局正式发文要求，全国民用机场都要采用国产传感网防入侵系统。至 2009 年 8 月，仅上海浦东国际机场直接采购传感网产品金额为 4000 多万元，加上配件共 5000 万元。刘海涛称，若全国近 200 家民用机场都加装防入侵系统，将产生上百亿的市场规模。

物联网不是一个小产品，也不是一个小企业可以做出来的，它不仅需要技术，更牵涉各个行业、产业，需要多种力量的整合。因此对于复杂的物联网，国家在产业政策和立法上要走在前面，要制定出适合这个行业发展的政策和法规，以保证行业的正常发展。在物联网发展过程中，传感、传输、应用各个层面会有大量的技术出现，急需尽快统一技术标准，形成一个管理机制，政府应该由专门的机构来管理和协调，出台相应的政策和法规，统一、协调标准。

1.2 嵌入式系统的基本概述

自 20 世纪 70 年代以来，随着微型机的不断发展，嵌入式技术开始出现并逐渐发展起来。嵌入式技术的发展方向不同于通用计算机，追求的并不是高速海量的数值计算，更关注与智能化控制密切相关的控制能力、控制的稳定可靠性以及系统功能等方面。嵌入式技术的发展历经了单片机(Single Chip Microcomputer，SCM)、微控制器(Micro Controller Unit，MCU)阶段，目前及未来的方向则是系统级芯片(System on a Chip，SoC)片上技术。

嵌入式系统是以计算机技术为基础，以应用为中心，并且软、硬件可裁剪，适用于应用系统对功能、可靠性、功耗、成本等有严格要求的专用计算机系统。嵌入式系统包括CPU、存储器和输入/输出设备三部分。其主要特点包括系统的可靠性、稳定性高，容错能力良好；嵌入式系统的软、硬件面向特定任务对象进行开发；大多嵌入式系统对于实时性及系统快速反应能力有很高要求；具有丰富的外设接口及友好的交互界面等。嵌入式系统从早期的军事航天领域开始发展，逐步广泛应用于汽车电子、通信、消费电子、工业控制等领域。

1.2.1　嵌入式系统的基本概念

就计算技术应用方式而言，嵌入式系统本质上不是通常意义上的计算机系统，而应看成是广义计算系统。嵌入式系统是一个发展中的新兴学科，严格讲尚无明确的定义，只是描述性的说明。以下几种描述性定义可互补借鉴。

定义 1.1：IEEE定义嵌入式系统是"控制、监视或者辅助设备、机器和工厂运行的装置"(Devices used to control，monitor，or assist the operation of equipment，machinery or plants)。

定义 1.2：嵌入式系统就是把嵌入式微处理器(EMPU)/嵌入式微控制器(EMCU)/嵌入式数字信号处理器(DSP)/嵌入式片上系统(SoC)等计算器件(Components)作为"处理部件"嵌入到工程系统中，并以非通用计算机系统形态出现而具有特定功能的广义计算系统。

定义 1.3：嵌入式系统是计算硬件和软件的集合体。它包括至少一个处理器，涉及对硬件的直接控制，是为了嵌入到对象体系中完成某种特定的功能而设计的，是嵌入式计算系统(Embedded Computing System)的简称。

随着 EMPU/EMCU 的发展，将其作为一个部件的嵌入式系统已作为一个新兴学科出现。

嵌入式系统的主要研究内容如下：

(1) VHDL/Verilog 硬件描述语言；FPGA/CPLD 固件载体；相应 EDA 工具。

(2) IP Core 与基于 IP Core 的 SoC/SoPC 芯片级设计。

(3) EMPU/EMCU/DSP 与基于平台的嵌入式系统设计。

(4) CPU 硬核(硬微处理器)与固核(固微处理器)。

(5) RTOS 的移植与裁减。

(6) 嵌入式系统软/硬件协同设计(Software/Hardware Co-Design)。

(7) 嵌入式系统低功耗设计。

(8) 嵌入式 Internet 系统。

(9) 关键技术：USB、TCP/IP、FAT、GUI。

1.2.2　嵌入式处理器简介

普通个人计算机(PC)中的处理器是通用目的的处理器，它们的设计非常丰富，因为这些处理器提供全部的特性和广泛的功能，故可以用于各种应用中。使用这些通用处理器的系统有大量的应用编程资源。例如，现代处理器具有内置的内存管理单元(MMU)，提供内存保护和多任务能力的虚存及通用目的的操作系统。这些通用的处理器具有先进的高速缓存逻辑和执行快速浮点运算的内置数学协处理器，可提供接口，支持各种各样的外部设备。但这些处理器能源消耗大，产生的热量高，尺寸也大。其复杂性意味着制造成本较高。在早期，嵌入式系统通常用通用目的的处理器制造。

近年来，随着大量先进的微处理器制造技术的发展，越来越多的嵌入式系统用嵌入式处理器制造，而不是用通用目的的处理器。这些嵌入式处理器是为完成特殊的应用而设计的特殊目的的处理器。关键是应用意识，即知道应用的自然规律并满足这些应用的需求。

一类嵌入式处理器注重尺寸、能耗和价格。因此，某些嵌入式处理器限定其功能，即处理器对于某类应用足够好，而对于其他类的应用可能不够好。这就是为何许多的嵌入式处理器没有太高的 CPU 速度的原因。例如，为个人数字助理(PDA)设备选择的就没有浮点协处理器，因为浮点运算没有必要，或用软件仿真就足够了。这些处理器可以是 16 位地址体系结构，而不是 32 位的，因为受内存储器容量的限制；可以是 200 MHz CPU 频率，因为应用的主要特性是交互和显示密集性的，而不是计算密集性的。这类嵌入式处理器很小，因为整个 PDA 装置尺寸很小并能放在手掌上。限制功能意味着降低能耗并延长电池供电时间。更小的尺寸可降低处理器的制造成本。

另一类嵌入式处理器更关注性能。这些处理器功能很强，并用先进的芯片设计技术包装，如先进的管道线和并行处理体系结构。这些处理器设计满足那些用通用目的的处理器难以达到的密集性计算的应用需求。新出现的高度特殊的高性能的嵌入式处理器，包括为网络设备和电信工业开发的网络处理器。总之，系统和应用速度是人们关心的主要问题。

还有一类嵌入式处理器关注全部 4 个需求——性能、尺寸、能耗和价格。例如，蜂窝电话中的 DSP 具有特殊的计算单元、内存中的优化设计、寻址和带多个处理能力的总线体系结构，这样 DSP 可以非常快地实时执行复杂的计算。在同样的时钟频率下，DSP 执行数字信号处理要比通用目的的处理器速度快若干倍，这就是在蜂窝电话的设计上用 DSP 而不用通用目的的处理器的原因。更甚之，DSP 具有非常快的速度和强大的处理能力，其价格相当低廉，使得蜂窝电话的整体价格具有相当的竞争力。

SoC 处理器对嵌入式系统具有特别的吸引力。SoC 处理器具有 CPU 内核并带内置外设模块，如可编程通用目的的计时器、可编程中断控制器、DMA 控制器和以太网接口。这样的自含设计使嵌入式设计可以用来建造各种嵌入式应用，而不需要附加外部设备，进一步减少了最终产品的整个费用和尺寸。

1. 嵌入式微处理器(Embedded Microprocessor Unit，EMPU)

嵌入式微处理器的基础是通用计算机中的 CPU。在应用中，将微处理器装配在专门设计的电路板上，只保留和嵌入式应用有关的母板功能，这样可以大幅度减小系统的体积和功耗。为了满足嵌入式应用的特殊要求，嵌入式微处理器虽然在功能上和标准微处理器基本是一样的，但在工作温度、抗电磁干扰、可靠性等方面一般都做了各种增强。和工业控制计算机相比，嵌入式微处理器具有体积小、重量轻、成本低、可靠性高的优点，但是在电路板上必须包括 ROM、RAM、总线接口、各种外设等器件，从而降低了系统的可靠性，技术保密性也较差。嵌入式微处理器及其存储器、总线、外设等安装在一块电路板上，称为单板计算机，如 STD-BUS、PC104 等。近年来，德国、日本的一些公司又开发出了类似"火柴盒"式名片大小的嵌入式计算机系列 OEM 产品。嵌入式处理器目前主要有 Am186/88、386EX、SC-400、Power PC、68000、MIPS、ARM 系列等。

2. 嵌入式微控制器(Microcontroller Unit，MCU)

嵌入式微控制器又称单片机，顾名思义，就是将整个计算机系统集成到一块芯片中。嵌入式微控制器一般以某一种微处理器内核为核心，芯片内部集成 ROM/EPROM、RAM、总线、总线逻辑、定时/计数器、WatchDog、I/O、串行口、脉宽调制输出、A/D、D/A、Flash RAM、EEPROM 等各种必要功能和外设。为适应不同的应用需求，一般一个系列的单片机具有多种衍生产品，每种衍生产品的处理器内核都是一样的，不同的是存储器和外设的配置及封装。这样可以使单片机最大限度地和应用需求相匹配，功能不多不少，从而减少功耗和成本。和嵌入式微处理器相比，微控制器的最大特点是单片化，体积大大减小，从而使功耗和成本下降、可靠性提高。微控制器是目前嵌入式系统工业的主流。微控制器的片上外设资源一般比较丰富，适合于控制，因此称微控制器。

嵌入式微控制器目前的品种和数量最多，比较有代表性的通用系列包括 8051、P51XA、MCS-251、MCS-96/196/296、C166/167、MC68HC05/11/12/16、68300 等。目前，MCU 占嵌入式系统约 70% 的市场份额。

3. 嵌入式 DSP 处理器(Embedded Digital Signal Processor，EDSP)

DSP 处理器对系统结构和指令进行了特殊设计，使其适合于执行 DSP 算法，编译效率较高，指令执行速度也较高。在数字滤波、FFT、谱分析等方面，DSP 算法正在大量进入嵌入式领域，DSP 应用正在从通用单片机中以普通指令实现 DSP 功能，过渡到采用嵌入式 DSP 处理器。嵌入式 DSP 处理器比较有代表性的产品是 Texas Instruments 公司的 TMS320 系列和 Motorola 公司的 DSP56000 系列。TMS320 系列处理器包括用于控制的 C2000 系列、移动通信的 C5000 系列，以及性能更高的 C6000 和 C8000 系列。DSP56000 目前已经发展为 DSP56000、DSP56100、DSP56200 和 DSP56300 等几个不同系列的处理器。另外，Philips 公司也推出了基于可重置嵌入式 DSP 结构低成本、低功耗技术上制造的 R.E.A.LDSP 处理器，特点是具备双 Harvard 结构和双乘/累加单元，应用目标是大批量消费类产品。

4. 嵌入式片上系统(System on a Chip，SoC)

随着 EDI 的推广和 VLSI 设计的普及化及半导体工艺的迅速发展，在一个硅片上实现更为复杂系统的时代已来临，这就是 SoC。各种通用处理器内核将作为 SoC 设计公司的标准库，和许多其他嵌入式系统外设一样，成为 VLSI 设计中的标准器件，用标准的 VHDL 等语言描述，存储在器件库中。用户只需定义整个应用系统，仿真通过后就可以将设计图交给半导体工厂制作样品。这样除个别无法集成的器件以外，整个嵌入式系统大部分均可集成到一块或几块芯片中去，应用系统电路板将变得很简洁，对于减小体积和功耗、提高可靠性非常有利。

SoC 可以分为通用和专用两类。通用系列包括 Infineon 公司的 TriCore、Motorola 公司的 M-Core、某些 ARM 系列器件、Echelon 公司和 Motorola 公司联合研制的 Neuron 芯片等。专用 SoC 一般专用于某个或某类系统中，不为一般用户所知。一个有代表性的产品是 Philips 公司的 Smart XA，它将 XA 单片机内核和支持超过 2048 位复杂 RSA 算法的 CCU 单元制作在一块硅片上，形成一个可加载 JAVA 或 C 语言的专用的 SoC，可用于公众互联网，如 Internet 安全方面。

1.2.3 嵌入式操作系统

嵌入式技术从最初使用的 4 位处理器到后来的 8 位、16 位再到目前的 32 位、64 位，经历了从使用哈佛结构支持复杂指令集系统的微控制器到后来的逐渐使用冯·诺依曼支持精简指令集的处理器。处理器的指令执行速度大幅度提升，Flash 存储器的使用普及使得可以方便实现 ISP、IAP，并且集成度更高、功耗更低，外设接口更加丰富。嵌入式处理器性能大幅度提升的同时，在消费电子、汽车电子及网络相关设备等领域，技术应用及特点都有所变化，部分电子产品继续追求简单单一的特点，其他的比如在消费类电子领域的产品，随着人们需求的增加，所需实现的功能愈加强大，传统的程序开发越来越难以提供足够优秀的处理效果。系统级芯片的应用也是在这种背景下产生的，它将嵌入式操作系统应用到嵌入式产品中。使用操作系统可以处理更复杂的任务应用，统一管理系统中的各项资源，提供更多的功能扩展硬件接口，以及更有效的程序调度和文件管理机制等。在嵌入式领域，目前可供选择的操作系统有很多，主流的有 VxWorks、μC/OS-Ⅱ、Windows CE、嵌入式 Linux、pSOS、Palm OS、Meego、Android、iOS 等。

1. VxWorks

作为目前嵌入式操作系统领域中市场占有率最高、使用最为广泛的操作系统，VxWorks 自 1983 年 WindRiver 公司设计开发以来，以其良好的持续发展能力和高性能的内核和友好的用户开发环境，在实时操作系统中很快就占据了一定市场。VxWorks 的优点是实时性和可靠性高，在军事、通信、航空航天等高精尖领域得到了广泛应用，如美国的战机、导弹制导到火星探测器上均使用的是 VxWorks，其支持的处理器包括 x86、Power PC、StrongARM、XScale 等；缺点是源代码不开放，技术准入门槛较高，支持的硬件相对较少，授权费用较高。

2. μC/OS-Ⅱ

μC/OS-Ⅱ是用 ANSI 的 C 语言编写，由 Micrium 公司推出的一款基于优先级的抢占多任务实时操作系统。μC/OS-Ⅱ代码包含部分汇编代码，支持 8 位到 64 位处理器，包含实时内核、时间管理、任务调度通信同步和内存管理等功能。系统为抢占式调度方式，可以最多管理 64 个任务。研究学习时，使用者可以获得其全部源代码；商业应用时，则需购买商业授权。μC/OS-Ⅱ仅是一个实时内核，更多的工作由开发人员完成。

3. Windows CE

Windows CE 是微软针对嵌入式设备开发的多任务、多线程的操作系统。Windows CE 支持 x86、ARM、MIPS 等架构的处理器。Windows CE 具有强大的多媒体功能，软、硬件资源丰富，内核可以灵活裁剪并与 PC 上的 Windows 操作系统相通，对于习惯 Windows 下开发的研发人员是最好的选择，但是目前其源代码仅开放了部分，无法进行更细微的定制操作，而且该操作系统占用内存空间较大且授权费用较高。

4. Palm OS

Palm OS 是 3COM 公司推出的，其具有开放的操作系统程序接口，在操作系统上运行的大部分应用程序均为其他应用厂商和个人所开发，目前在 PDA 市场的占有份额较大。

5. 嵌入式 Linux

嵌入式 Linux 是遵循 GPL 协议的一款操作系统，其源代码全部开放，开发无需授权，可根据实际应用的需要对内核进行定制裁剪。嵌入式 Linux 支持的硬件平台广泛，资源丰富，并拥有众多的开发人员社区提供技术维护支持，缺点在于其实时性仍有待改进。一些从 Linux 衍生的操作系统(比如 RTLinux)，有的遵循 GPL 协议，可以免费获得，而有些商业版本则需要付费申请。总的来说，Linux 易于移植、资源丰富、源代码开放，在嵌入式领域的占有率正在逐步提升。

6. Android

据 2012 年 11 月数据显示，就全球智能手机操作系统而言，Android 占据全球市场 76% 的份额，中国市场为 90%。Android 是一种基于 Linux 的开放源代码的操作系统，这款操作系统最初由 Andy Rubin 针对手机进行开发，目前已经逐步应用到平板电脑及其他领域。Android 显著的开放性、丰富的硬件选择及不受运营商约束的自由性以及与网络的无缝结合，在智能机领域深受当前市场推崇。

7. iOS

iOS 是由苹果公司开发的手持设备操作系统，原名 iPhone OS，最初为 iPhone 设计使用，后来应用到 iPod touch、iPad、Apple TV 等苹果产品上。iOS 是以 Darwin 为基础进行设计，属于类 Unix 的商业操作系统。iOS 具有优雅直观的界面、丰富的功能及 APP、安全可靠的设计、多语言支持等优点。但由于 iOS 是一款封闭的手机系统，不开放源代码，扩展相对不足，对于 iPhone 开发使用的是 Object-C，但不能定制界面。

嵌入式操作系统多种多样，嵌入式开发人员应针对不同的应用需求，选择合适的嵌入式操作系统。本书所述项目采用嵌入式 Linux 操作系统。嵌入式 Linux 具有非常优秀的系统性能。首先，嵌入式 Linux 具有强大高效的处理性能及出色的多任务调度，可以很好地满足课题研究需要；其次，Linux 操作系统是开放源代码的一款操作系统，软件资源丰富，支持大量硬件设备，便于项目开发；另外，内核的可裁剪性可以使开发人员根据自己实际需求进行内核定制；庞大的系统维护团队和社区支持以及丰富的网络资源可以提供良好的技术保证。

1.2.4 嵌入式系统的应用及前景

嵌入式系统的典型应用如图 1.3 所示。

其主要应用领域：

(1) 过程控制(Process control)。

(2) 机电设备(Mechanical and electrical equipment)。

(3) 通信和网络(Telecommunication and Internet)。

(4) 智能仪表(Intelligent instrument)。

(5) 消费终端产品(Consumer products)。

(6) 计算机外设(Computer peripherals)。

(7) 军用电子(Military electronics)。

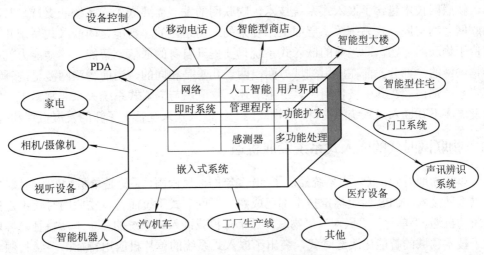

图 1.3　嵌入式系统的典型应用

嵌入式系统的未来展望：

(1) 发展方向：

① 将与 Internet 应用相互促进，快速发展。

② 随着市场需求的增大，SoC 将成趋势。

③ 无线通信产品将成为重要应用领域。

④ 应用软件与操作系统协同发展。

⑤ 软、硬件相关标准相继制定。

(2) 基本论点：

① Internet 将带动信息产业的第三度革命，将改由以信息取用为主轴的使用形态。

② 信息硬件由泛用走向专用。

(3) 技术需求：嵌入式系统的未来技术需求如图 1.4 所示。

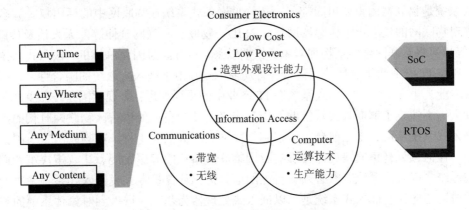

图 1.4　未来嵌入式产业的技术需求

1.3　物联网与嵌入式系统的关系

首先，在技术层面上，物联网与嵌入式系统都是多学科、多种技术融合的综合性应用技术，物联网技术包含了嵌入式系统技术，物联网的发展需要嵌入式系统的支持。其次，在物联网之物与嵌入式系统关系层面上，复杂的、网络化的、智能化的嵌入式系统几乎可以等价于物联网之物，即当前的嵌入式系统只要提升自身的通信、智能、感知能力就可以作为物联网的一部分。而在应用领域方面，两者几乎是相同的，当前物联网涉足的领域，嵌入式系统都已经在其中被使用了。综上所述，物联网与嵌入式系统关系非常紧密，物联网的发展离不开嵌入式系统的支持，而物联网又给嵌入式系统带来了新的发展机遇和挑战。

1.3.1　物联网时代的嵌入式系统发展机遇

可以清晰地看到，嵌入式系统经历了 30 多年的风风雨雨，无论是单机物联、局域物联，抑或以太网接入、GPS 时空标定技术都已成熟。对嵌入式系统而言，物联网时代不是挑战而是新的机遇。"单片"、"嵌入"、"物联"是单片机或嵌入式系统的三个本质特征。早期传统电子技术领域的智能化改造时代，突出了嵌入式系统的单片机应用特征；多学科融合时代，突出了处理器的嵌入式应用特征。当进入到物联网时代，理应强调嵌入式系统的物联特征。高校中的许多单片机实验室、嵌入式系统实验室也可称为物联实验室或物联网实验室；众多的嵌入式系统局域网(如智能家居)可称之为局域物联网(如物联网家居)。嵌入式系统领域业者，无论是否意识到这一机遇，都会卷入这一机遇大潮之中。物联网平台建设是物联网时代嵌入式系统的重要机遇，体现在物联网系统中，完善归一化以太网互联技术；在对象领域嵌入式应用中，不断创造新的物联网应用系统，积极参与大型的物联网国家工程建设。物联网时代的重大挑战体现在互联网与政府部门。物联网要求互联网品质有重大升级(带宽、实时、安全)，经营方式、管理模式有重大突破。政府部门对物联网发展应以政府政策、重大工程建设规划为主，如物联网相关的法律法规、国家数据库建设、基础工程建设、重大物联网系统工程建设等。

物联网是多学科交叉融合的产物，对物联网的深层理解必须有多学科全方位的视野，对物联网的深层研究犹如盲人摸象，任何一个学科都不可能独自对物联网作出正确的诠释。嵌入式系统是物联网的重要组成部分，却鲜见嵌入式系统在物联网中的话语权。许多物联网专家对物联网的理解止于传感器网络、RFID、物联、互联网延伸等，无人谈及传感器、RFID 等如何将互联网延伸至物理对象。长期以来，多方面原因使单片机、嵌入式系统专家缺少在国家 IT 产业政策领域的话语权。客观原因是，由于嵌入式系统的隐含性，只有嵌入式系统专业人士才能了解嵌入式系统在 IT 产业中的重要作用；主观原因是，不少嵌入式系统专业人士不注意了解嵌入式系统的历史与未来，缺少自己的语言。物联网时代的到来，会使嵌入式系统从后台走上前台，承担起物联网的重大国家工程。在物联网重大国家工程决策中，任何领域视角的缺失都会影响我国物联网事业的健康发展。让政策决策者们了解嵌入式系统，嵌入式系统专家必须有自己的语言，当计算机专家说嵌入式系统是"专用计算机"时，还应该有嵌入式系统是"以嵌入式处理器为基础，嵌入到对象体系中的智能化电子系统"的视角；当通信专家说"物联网是互联网的延伸时"，应告诉人们，"物联网是嵌入式系统局域物联网对互联网的变革，它将互联网的信息网、人文网变革到物理网"；当计算机专家从计算角度诠释"云计算"时，应该让人们理解云计算是物联网基础上无限时空的全方位软件服务。由此可见，在一个多学科的大科技领域，多领域专家的多学科视角，对正确舆论引导、政府政策制定十分重要。

1.3.2 物联网与嵌入式系统的区别与联系

温总理用经典的四个字"感知中国"全面描述和定义了物联网产业的内涵。从字面上来理解,"感"即信息采集(传感器);"知"即信息处理(运算、处理、控制、通信并通过互联网进行信息传递和控制)。这些都是嵌入式系统的特征实质。如果用一句话来理解"感知中国"的含义,即通过嵌入式系统智能终端产品网络化的过程实现感知的目的。

简单讲,物联网是物与物、人与物之间的信息传递与控制;专业上讲,则是智能终端的网络化。大家都知道,嵌入式系统无所不在,有嵌入式系统的地方才会有物联网的应用。那么,什么是物联网呢? 物联网就是基于互联网的嵌入式系统。从另一个意义也可以说,物联网的产生是嵌入式系统高速发展的必然产物,更多的嵌入式智能终端产品有了联网的需求,催生了物联网这个概念的产生。

从两者的定义来看,物联网强调的是物联网中设备具有感知、计算、执行、协同工作和通信能力及能提供的服务;嵌入式系统强调的是嵌入到宿主对象的专用计算系统,其功能或能提供的服务也比较单一。嵌入式系统具有的功能是物联网设备的功能的一个子集,但是它们之间的差异将越来越小。简单的嵌入式系统与物联网定义中的设备或者物有较大的区别,具有的功能不如物联网中的设备或者物,但是随着嵌入式系统的不断发展,目前出现的一些复杂的嵌入式系统(如智能移动电话)基本上达到了物联网定义中的设备或物的要求。从技术角度来看,首先,物联网与嵌入式系统都是各种技术融合的综合性技术,融合的技术大致相同;其次,物联网技术中又包含有嵌入式系统技术,如表 1.1 所示。

表 1.1 支撑技术对照表

技 术	物 联 网	嵌入式系统
射频识别技术	需要	可选
电子技术	必需	必需
传感器技术	需要	可选
半导体技术	必需	必需
通信技术	必需	可选
智能计算技术	必需	可选
自动控制技术	可选	可选
软件技术	必需	必需

1.3.3 物联网中嵌入式系统的应用领域

物联网的应用领域相当广泛,如航空航天、汽车工业、通信业、智能建筑、医药与医疗设备、交通运输、零售物流与供应链管理、农业种植、多媒体与娱乐、节能环保、环境监测等。经过最近 20 年的快速发展,嵌入式系统已经从控制设备输入、输出的简单应用扩展到了影响人们生产生活的各个领域之中。嵌入式系统的行业应用有办公设备、建筑物设计、制造和流程设计、医疗、监视、卫生设备、交通运输、通信等。嵌入式系统与物联网的主要应用领域对照如表 1.2 所示,比较它们的应用领域,可以发现嵌入式系统与物联网的应用领域几乎是一致的。这也说明了嵌入式系统是物联网发展的基础，物联网是嵌入式系统发展到一定阶段的产物。

表1.2 嵌入式系统与物联网的主要应用领域对照

应 用 领 域	物 联 网	嵌入式系统
航空航天	可以	可以
汽车工业	可以	可以
交通运输	可以	可以
通信行业	可以	可以
零售、物流、供应链管理	可以	可以
制造业、产品生命周期管理	可以	可以
智能建筑	可以	可以
制药、医疗设备等	可以	可以
节能环保、环境监测	可以	可以
农业种植、食物跟踪	可以	可以

思 考 题

1. 简述物联网的基本发展情况、概念、架构、特征及其应用。
2. 简述嵌入式系统技术的概念、功能及结构。
3. 简述物联网和嵌入式系统的关系。

第 2 章　嵌入式系统的基础

2.1　IP 网络原理

IP 网络随着因特网的不断发展，已变成当今网络世界的主宰。IP 网络已经从过去单纯的数据传输逐步发展成为能支持语音、数据、视频等多媒体信息的统一的网络通信平台和应用平台。

宽带 IP 网络是以 IP 为核心的高速网络，在网络层以上，所有应用都是为 IP 而优化，建立在 IP 的基础之上。

1．宽带 IP 网络特征

(1) 统一的网络服务。指用户在一条对外的网络连接上可以同时获得语音、数据、视频等多媒体服务。

(2) 最大灵活的接入方式。用户可以任意选择各种高速的接入方式。

(3) 可靠的质量。IP 网络不仅为应用提供可靠的质量，而且不同级别的、不同种类的应用得到的质量服务也是不同的。

(4) 最佳表现的统一的网络应用。将话音、数据、视频结合在一起，最大程度地方便用户使用。

(5) 低成本。使得无论个人用户还是企业用户，网络的使用和管理费用都将大大降低。

2．IP 网络的实现方式

(1) IP over ATM。IP 网传统上是由路由器和专线组成的，用专线将低于上分离的路由器连接起来，以此构成 IP 网络。用 ATM 来支持 IP 业务必须解决两个问题：

① ATM 的通信方式是面向链接的，而 IP 是不面向链接的，要在一个面向链接的网上承载一个不面向链接的业务，有许多问题需要解决。

② ATM 是以 ATM 地址寻址的，IP 通信是以 IP 地址来寻址的，在 IP 网上端到端是以 IP 寻址的，而传送 IP 的承载网(ATM 网)是以 ATM 地址来寻址的，IP 地址和 ATM 地址之间的映射是一个很大的难题。

(2) IP over SDH。IP over SDH 是把数据包先封装在 PPP 协议帧中，然后再把 PPP 帧放入 SDH 净荷中。IP over SDH 的实质是以 SDH 网络作为 IP 数据包的物理传输网络。在 IP over SDH 中，SDH 只有一种工作方式，即以链路方式来支持 IP 网。SDH 作为链路来支持 IP 网，由于它不能参与 IP 网的寻址，它的作用只是将路由器以点到点的方式链接起来，提高点到点之间的传送速率，它不能从总体上提高 IP 网的性能。

(3) IP over WDM。WDM 使用不同的波长在同一光纤上承载几十个乃至数百个通路的信号，其本质仍是 IP over SDH。但是，SDH 的帧结构是基于电路交换时分复用的，而 IP 是包交换，它的帧结构对 IP 包将不是最佳的，需要对 SDH 的帧结构进行简化和改进，以适应 IP 包的特定要求。

3．IP 网络发展趋势

(1) IP 网络走向宽带化。IP 网络的宽带网主要表现在两个方面：

① 随着 WDM/DWDM 等技术的采用，在 IP 网长途传输上实现宽带化。

② IP 网向本地延伸，形成城域 IP 网。

(2) IP 网络服务质量走向电信级。电信级服务质量的关键是网络要有 QoS 保证，而 IP 网要实现 QoS 保证有以下途径：

① 通过技术手段实现。

② IP 网络经营者在自身网内用充足的带宽提供可保证质量的服务。

③ 可用不同的网络承载不同业务。

(3) IP VPN 技术逐渐走向成熟，业务高速增长。

(4) IP 网络和业务市场进一步细分。

2.2 嵌入式系统简介

近年来，随着各个行业信息化的持续深入，嵌入式系统因其可定制性已广泛应用于网络通信、消费电子、制造、工业控制、安防系统等多个领域。随着物联网在中国发展如火如荼，许多电子设计和嵌入式系统人士都投身其中，了解物联网发展动向，掌握物联网核心技术，正确把握物联网给电子设计和嵌入式系统带来的机遇。物联网是交叉科学，在近期发展中的智能传感器芯片技术、物联网嵌入式软件技术是两个重点发展方向，这与嵌入式系统发展更是息息相关了，面向应用的 SoC 芯片和嵌入式软件是未来嵌入式系统发展的重点。物联网的热潮一定会带动一批电子产业的发展，比如物流管理、医疗电子、电力控制和智能家居等方面。无论怎样，嵌入式系统行业应该重视和把握这个机会，利用自身在嵌入式系统上积累的知识和经验，发掘某种领域物联网应用，想办法在已经成熟的平台和产品基础上，通过与应用传感单元的结合，扩展物联和感知的支持能力，通过拓展后台(也称为物联网中枢服务器)应用处理和分析功能，向物联应用综合系统上发展。实际上，物联网是嵌入式系统一种新的应用，比较传统的嵌入式系统应用，物联网应用的层次更加丰富和复杂，既有表现在传感层上的实时应用，还有在计算和网络应用层上的海量的数据处理和分析工作。

根据 IEEE(国际电机工程师协会)的定义，嵌入式系统是"控制、监视或者辅助装置、机器和设备运行的装置"(devices used to control，monitor，or assist the operation of equipment，machinery or plants)。从中可以看出，嵌入式系统是软件和硬件的综合体，还可以涵盖机械等附属装置。目前，国内一个普遍被认同的定义是：以应用为中心、以计算机技术为基础，软件、硬件可裁剪，适应应用系统对功能、可靠性、成本、体积、功耗严格要求的专用计算机系统。嵌入式系统是以应用为中心，以计算机技术为基础，并且软、硬件可裁剪，适用于应用系统对功能、可靠性、成本、体积、功耗有严格要求的专用计算机系统。它一般由嵌入式微处理器、存储器、输入/输出设备、嵌入式操作系统以及用户的应用程序等组成(见图 2.1),用于实现对其他设备的控制、监视或管理等功能。嵌入式系统和具体应用有机地结合在一起,它的升级换代也是和具体产品同步进行,因此嵌入式系统产品一旦进入市场,具有较长的生命周期。

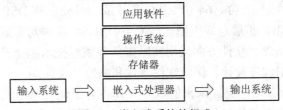

图 2.1 嵌入式系统的组成

嵌入式计算机系统同通用型计算机系统相比具有以下特点:

(1) 系统内核小。由于嵌入式系统一般是应用于小型电子装置的,系统资源相对有限,所以内核较之传统的操作系统要小得多。比如 Enea 公司的 OSE 分布式系统,内核只有 5K,与 Windows 的简直没有可比性。

(2) 用性强。嵌入式系统的个性化很强,其中的软件系统和硬件的结合非常紧密,一般要针对硬件进行系统的移植,即使在同一品牌、同一系列的产品中也需要根据系统硬件的变化和增减不断进行修改。同时针对不同的任务,往往需要对系统进行较大更改,程序的编译下载要和系统相结合,这种修改和通用软件的"升级"完全是两个概念。

(3) 系统精简。嵌入式系统一般没有系统软件和应用软件的明显区分,不要求其功能设计及实现上过于复杂,这样一方面利于控制系统成本,同时也利于实现系统安全。

(4) 高实时性的系统软件(OS)。这是嵌入式软件的基本要求,而且软件要求固态存储,以提高速度;软件代码要求高质量和高可靠性。

(5) 嵌入式软件开发要想走向标准化,就必须使用多任务的操作系统。嵌入式系统的应用程序可以没有操作系统直接在芯片上运行;但是为了合理地调度多任务、利用系统资源、系统函数以及和专家库函数接口,用户必须自行选配 RTOS(Real Time Operating System)开发平台,这样才能保证程序执行的实时性、可靠性,并减少开发时间,保障软件质量。

(6) 嵌入式系统开发需要开发工具和环境。由于其本身不具备自举开发能力,即使设计完成以后用户通常也是不能对其中的程序功能进行修改的,必须有一套开发工具和环境才能进行开发。这些工具和环境一般是基于通用计算机上的软、硬件设备以及各种逻辑分析仪、混合信号示波器等。开发时往往有主机和目标机的概念,主机用于程序的开发,目标机作为最后的执行机,开发时需要交替结合进行。

信息时代、数字时代使得嵌入式产品获得了巨大的发展契机,为嵌入式市场展现了美好的前景,同时也对嵌入式生产厂商提出了新的挑战,从中可以看出未来嵌入式系统的几大发展趋势:

(1) 嵌入式开发是一项系统工程,因此要求嵌入式系统厂商不仅要提供嵌入式软、硬件系统本身,同时还需要提供强大的硬件开发工具和软件包支持。目前,很多厂商已经充分考虑到这一点,在主推系统的同时,将开发环境也作为重点推广。比如三星在推广 Arm7,Arm9 芯片的同时,还提供开发版及支持包(BSP),而 Window CE 在主推系统时也提供 Embedded VC++作为开发工具,还有 VxWorks 的 Tonado 开发环境,DeltaOS 的 Limda 编译环境等等都是这一趋势的典型体现。当然，这也是市场竞争的结果。

(2) 网络化、信息化的要求随着因特网技术的成熟、带宽的提高日益提高，使得以往单一功能的设备如电话、手机、冰箱、微波炉等功能不再单一，结构更加复杂。这就要求芯片设计厂商在芯片上集成更多的功能，为了满足应用功能的升级，设计师们一方面采用更强大的嵌入式处理器如 32 位、64 位 RISC 芯片或信号处理器 DSP 增强处理能力，同时增加功能接口，如 USB，扩展总线类型；如 CAN BUS，加强对多媒体、图形等的处理，逐步实施片上系统的概念。软件方面采用实时多任务编程技术和交叉开发工具技术来控制功能复杂性，简化应用程序设计、保障软件质量和缩短开发周期，如 HP。

(3) 网络互联成为必然趋势。未来的嵌入式设备为了适应网络发展的要求，必然要求硬件上提供各种网络通信接口。传统的单片机对于网络支持不足，而新一代的嵌入式处理器已经开始内嵌网络接口，除了支持 TCP/IP 协议，还有的支持 IEEE1394，USB，CAN，Bluetooth 或 IrDA 通信接口中的一种或者几种，同时也需要提供相应的通信组网协议软件和物理层驱动软件。软件方面，系统内核支持网络模块，甚至可以在设备上嵌入 Web 浏览器，真正实现随时随地用各种设备上网。

(4) 精简系统内核、算法，降低功耗和软、硬件成本。未来的嵌入式产品是软、硬件紧密结合的设备，为了降低功耗和成本，需要设计者尽量精简系统内核，只保留和系统功能紧密相关的软、硬件，利用最低的资源实现最适当的功能，这就要求设计者选用最佳的编程模型和不断改进算法、优化编译器性能。因此，既要软件人员有丰富的硬件知识，又需要发展先进嵌入式软件技术，如 Java，Web 和 WAP 等。

(5) 提供友好的多媒体人、机界面，嵌入式设备能与用户亲密接触，最重要的因素就是它能提供非常友好的用户界面。图像界面、灵活的控制方式，使得人们感觉嵌入式设备就像是一个熟悉的老朋友。这方面的要求使得嵌入式软件设计者要在图形界面、多媒体技术上痛下苦功。手写文字输入、语音拨号上网、收发电子邮件以及彩色图形、图像都会使使用者获得自由的感受。目前，一些先进的 PDA 在显示屏幕上已实现汉字写入、短消息语音发布，但一般的嵌入式设备距离这个要求还有很长的路要走。

2.3　嵌入式系统的环境配置

2.3.1　μC/OS-Ⅱ

1. μC/OS-Ⅱ简介

μC/OS-Ⅱ是由 Jean J.Labrosse 于 1992 年编写的一个嵌入式多任务实时操作系统。最早这个系统叫做 μC/OS，后来经过近十年的应用和修改，在 1999 年 Jean J. Labrosse 推出了μC/OS-Ⅱ，并在 2000 年得到了美国联邦航空管理局对用于商用飞机的、符合 RTCA DO178B标准的认证，从而证明 μC/OS-Ⅱ具有足够的稳定性和安全性。

μC/OS-Ⅱ是一种免费公开源代码，结构小巧，具有可剥夺实时内核的实时操作系统。其内核提供任务调度与管理、时间管理、任务间同步与通信、内存管理和中断服务等功能。它适合小型控制系统，具有执行效率高、占用空间小、可移植性强、实时性能良好和可扩展性强等特点。采用 μC/OS-Ⅱ实时操作系统可以有效地对任务进行调度；对各任务赋予不同的优先级可以保证任务及时响应，而且采用实时操作系统，降低了程序的复杂度，方便程序的开发和维护。

　　μC/OS-Ⅱ的文件体系结构如图 2.2 所示。核心代码与处理器无关，包括 7 个源程序文件和 1 个头文件；这部分主要负责的功能分别是内核管理、事件管理、消息队列管理、存储管理、消息管理、信号量处理、任务调度和定时管理。设置代码部分包括 2 个头文件，用来配置事件控制块的数目，以及是否包含消息管理相关的代码。移植代码部分包括 1 个头文件、1 个汇编代码文件和 1 个 C 语言文件；在 μC/OS-Ⅱ的移植过程中，用户所需要修改的也就是这部分。本节中所涉及的 μC/OS-Ⅱ函数代码在 μC/OS-Ⅱ用户手册中均能找到，因篇幅关系，这里不再列出所有的程序代码。

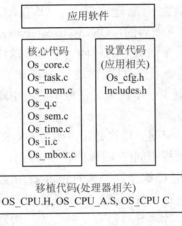

图 2.2　μC/OS-Ⅱ的文件体系结构

2. 内核结构

　　内核是操作系统的核心部分，内核不能建立新的任务，它提供的基本任务是任务切换，此外还负责进程的调度、消息处理、任务状态的转换等操作。在多任务系统中，内核负责管理各个任务，或者说为每一个任务分配 CPU 时间，并负责任务之间的通信。内核结构的好坏直接关系到操作系统的效率，对实时操作系统而言，更关系到实时性问题。与其他商业内核比较，μC/OS-Ⅱ的内核结构较简单，但算法简单、结构紧凑、实时性较好。μC/OS-Ⅱ的内核结构包括任务控制块的结构、就绪表的结构、任务调度以及任务切换机理等，它们根据时钟节拍相互协调工作。

　　μC/OS-Ⅱ是基于静态优先级的多任务实时内核。这决定了它进行任务管理等操作时，是以任务的优先级为基准的。每个任务都有其优先级。任务越重要，赋予的优先级越高。所谓静态优先级是指应用程序在执行过程中，诸任务的优先级不会改变。在静态优先级系统中，诸任务以及它们的时间约束在程序编译时均是已知的。μC/OS-Ⅱ可以管理多达 64 个任务，但 μC/OS-Ⅱ的 V2.52 版本有两个任务已经被系统占用了。作者保留了优先级为 0、1、2、3、OS_LOWEST_PRIO-3、OS_LOWEST_PRI0-2，OS_LOWEST_PRI0-1 以及 OS_LOWEST_PRI0 这 8 个任务以备将来使用。OS_LOWEST_PRI0 是作为定义的常数在 OS_CFG.H 文件中用定义常数语句#define constant 定义的。因此用户可以有多达 56 个应用任务。必须给每个任务赋以不同的优先级，优先级可以从 0 到 OS_LOWEST_PR10-2。优先级号越低，任务的优先级越高。μC/OS-Ⅱ总是运行进入就绪态的优先级最高的任务。

3. 任务管理

μC/OS-Ⅱ的任务管理包括如何在用户的应用程序中建立任务、删除任务、改变任务的优先级、挂起和恢复任务，以及获得有关任务的信息。μC/OS-Ⅱ可以管理多达 64 个任务，并从中保留了 4 个最高优先级和 4 个最低优先级的任务供自己使用，所以用户可以使用的只有 56 个任务。任务的优先级越高，反映优先级的值则越低。在最新的 μC/OS-Ⅱ版本中，任务的优先级数也可作为任务的标识符使用。

1) 建立任务

想让 μC/OS-Ⅱ管理用户的任务，用户必须要先建立任务。用户可以通过传递任务地址和其他参数到以下两个函数之一来建立任务：OSTaskCreate()或 OSTaskCreateExt()。OSTaskCreate()与 μC/OS 是向下兼容的，OSTaskCreateExt()是 OSTaskCreate()的扩展版本，提供了一些附加的功能。用两个函数中的任何一个都可以建立任务。任务可以在多任务调度开始前建立，也可以在其他任务的执行过程中被建立。在开始多任务调度(即调用OSStart())前，用户必须建立至少一个任务。任务不能由中断服务程序(ISR)来建立。

2) 任务堆栈

每个任务都有自己的堆栈空间。堆栈必须声明为 OS_STK 类型，并且由连续的内存空间组成。用户可以静态分配堆栈空间(在编译的时候分配)，也可以动态地分配堆栈空间(在运行的时候分配)。用户可以用 C 编译器提供的 malloc()函数来动态地分配堆栈空间。在动态分配中，用户要时刻注意内存碎片问题。特别是当用户反复地建立和删除任务时，内存堆中可能会出现大量的内存碎片，导致没有足够大的一块连续内存区域可用作任务堆栈，这时 malloc()便无法成功地为任务分配堆栈空间。

有时候决定任务实际所需的堆栈空间大小是很有必要的。因为这样用户就可以避免为任务分配过多的堆栈空间，从而减少自己的应用程序代码所需的 RAM(内存)数量。μC/OS-Ⅱ提供的 OSTaskStkChk()函数可以为用户提供这种有价值的信息。

3) 删除任务

有时候删除任务是很有必要的。删除任务，是说任务将返回并处于休眠状态，并不是说任务的代码被删除了，只是任务的代码不再被 μC/OS-Ⅱ调用。通过调用 OSTaskDel()就可以完成删除任务的功能。OSTaskDel()一开始应确保用户所要删除的任务并非是空闲任务，因为删除空闲任务是不允许的。不过，用户可以删除 statistic 任务。接着，OSTaskDel()还应确保用户不是在 ISR 例程中去试图删除一个任务，因为这也是不被允许的。调用此函数的任务可以通过指定 OS_PRIO_SELF 参数来删除自己。接下来，OSTaskDel()会保证被删除的任务是确实存在的。如果指定的参数是 OS_PRIO_SELF 的话，这一判断过程(任务是否存在)自然是可以通过的，但不应该为这种情况单独写一段代码，因为这样只会增加代码并延长程序的执行时间。

有时候，如果任务 A 拥有内存缓冲区或信号量之类的资源，而任务 B 想删除该任务，这些资源就可能由于没被释放而丢失。在这种情况下，用户可以想法子让拥有这些资源的任务在使用完资源后，先释放资源，再删除自己。用户可以通过 OSTaskDelReq()函数来完成该功能。发出删除任务请求的任务(任务 B)和要删除的任务(任务 A)都需要调用 OSTaskDelReq()函数。任务 B 需要决定在怎样的情况下请求删除任务。换句话说，用户的应用程序需要决定在什么样的情况下删除任务。如果任务需要被删除，可以通过传递被删除任务的优先级来调用 OSTaskDelReq()。如果要被删除的任务不存在(即任务已被删除或是还没被建立)，OSTaskDelReq()返回 OS_TASK_NOT_EXIST。如果 OSTaskDelReq()的返回值为 OS_NO_ERR，则表明请求已被接受但任务还没被删除。用户可能希望任务 B 等到任务 A 删除了自己以后才继续进行下面的工作，这时用户可以像笔者一样，通过让任务 B 延时一定时间来达到这个目的。笔者延时了一个时钟节拍。如果需要，用户可以延时得更长一些。当任务 A 完全删除自己后，[L4.12(2)]中的返回值成为 0S_TASK_NOT_EXIST，此时循环结束。

4) 改变任务的优先级

在用户建立任务的时候会分配给任务一个优先级。在程序运行期间，用户可以通过调用 OSTaskChangePrio()来改变任务的优先级。换句话说，就是 μC/OS-Ⅱ允许用户动态的改变任务的优先级。用户不能改变空闲任务的优先级，但用户可以改变调用本函数的任务或者其他任务的优先级。为了改变调用本函数的任务的优先级，用户可以指定该任务当前的优先级或 OS_PRIO_SELF，OSTaskChangePrio()会决定该任务的优先级。用户还必须指定任务的新(即想要的)优先级。因为 μC/OS-Ⅱ不允许多个任务具有相同的优先级，所以 OSTaskChangePrio()需要检验新优先级是否是合法的(即不存在具有新优先级的任务)。如果新优先级是合法的，μC/OS-Ⅱ通过将相关信息储存到 OSTCBPrioTbl[newprio]中，保留这个优先级。如此就使得 OSTaskChangePrio()可以重新允许中断，因为此时其他任务已经不可能建立拥有该优先级的任务，也不能通过指定相同的新优先级来调用 OSTaskChangePrio()。接下来，OSTaskChangePrio()可以预先计算新优先级任务的 OS_TCB 中的某些值。而这些值用来将任务放入就绪表或从该表中移除。

接着，OSTaskChangePrio()检验目前的任务是否想改变它的优先级。然后，OSTaskChangePrio()检查想要改变优先级的任务是否存在。很明显，如果要改变优先级的任务就是当前任务，这个测试就会成功。但是，如果 OSTaskChangePrio()想要改变优先级的任务不存在，它必须将保留的新优先级放回到优先级表 OSTCBPrioTbl[]中，并返回给调用者一个错误码。

现在，OSTaskChangePrio()可以通过插入 NULL 指针将指向当前任务 OS_TCB 的指针从优先级表中移除了。这就使得当前任务的旧的优先级可以重新使用了。接着，检验一下 OSTaskChangePrio()想要改变优先级的任务是否就绪。如果该任务处于就绪状态，它必须在当前的优先级下从就绪表中移除，然后在新的优先级下插入到就绪表中。需要注意的是，OSTaskChangePrio()所用的是重新计算的值将任务插入就绪表中的。

如果任务已经就绪，它可能会正在等待一个信号量、一封邮件或是一个消息队列。如果 OSTCBEventPtr 非空(不等于 NULL)，OSTaskChangePrio()就会知道任务正在等待以上的某件事。如果任务在等待某一事件的发生，OSTaskChangePrio()必须将任务从事件控制块的等待队列(在旧的优先级下)中移除，并在新的优先级下将事件插入到等待队列中。任务也有可能正在等待延时的期满或是被挂起。

接着，OSTaskChangePrio()将指向任务 OS_TCB 的指针存到 OSTCBPrioTbl[]中。新的

优先级被保存在 **OS_TCB** 中，重新计算的值也被保存在 **OS_TCB** 中。OSTaskChangePrio()
完成了关键性的步骤后，在新的优先级高于旧的优先级或新的优先级高于调用本函数的任
务的优先级情况下，任务调度程序就会被调用。

5) 挂起任务

有时候将任务挂起是很有用的。挂起任务可通过调用 OSTaskSuspend()函数来完成。被
挂起的任务只能通过调用 OSTaskResume()函数来恢复。任务挂起是一个附加功能。也就是
说，如果任务在被挂起的同时也在等待延时的期满，那么，挂起操作需要被取消，而任务
继续等待延时期满，并转入就绪状态。任务可以挂起自己或者其他任务。

通常 OSTaskSuspend()需要检验临界条件。首先，OSTaskSuspend()要确保用户的应用
程序不是在挂起空闲任务，接着确认用户指定优先级是有效的。记住最大的有效的优先级
数(即最低的优先级)是 OS_LOWEST_PRIO。注意，用户可以挂起统计任务(Statistic)。这样
做是为了能与 μC/OS 兼容。第一个测试能够被移除并可以节省一点程序处理的时间，但是，
这样做的意义不大，所以笔者决定留下它。

接着，OSTaskSuspend()检验用户是否通过指定 OS_PRIO_SELF 来挂起调用本函数的任
务本身。用户也可以通过指定优先级来挂起调用本函数的任务。在这两种情况下，任务调
度程序都需要被调用。这就是笔者为什么要定义局部变量 self 的原因，该变量在适当的情
况下会被测试。如果用户没有挂起调用本函数的任务，OSTaskSuspend()就没有必要运行任
务调度程序，因为正在挂起的是较低优先级的任务。

然后，OSTaskSuspend()检验要挂起的任务是否存在。如果该任务存在的话，它就会从
就绪表中被移除。注意要被挂起的任务有可能没有在就绪表中，因为它有可能在等待事件
的发生或延时的期满。在这种情况下，要被挂起的任务在 OSRdyTbl[]中对应的位已被清除
了(即为 0)。再次清除该位，要比先检验该位是否被清除了，再在它没被清除时清除它快得
多，所以笔者没有检验该位而直接清除它。现在，OSTaskSuspend()就可以在任务的 OS_TCB
中设置 OS_STAT_SUSPEND 标志了，以表明任务正在被挂起。最后，OSTaskSuspend()只
有在被挂起的任务是调用本函数的任务本身的情况下才调用任务调度程序。

6) 恢复任务

在上一节中曾提到过，被挂起的任务只有通过调用 OSTaskResume()才能恢复。因为
OSTaskSuspend()不能挂起空闲任务，所以必须得确认用户的应用程序不是在恢复空闲任
务。注意，这个测试也可以确保用户不是在恢复优先级为 OS_PRIO_SELF 的任务
(OS_PRIO_SELF 被定义为 0xFF，它总是比 OS_LOWEST_PRIO 大)。

要恢复的任务必须是存在的，因为用户要需要操作它的任务控制块 OS_TCB，并且该
任务必须是被挂起的。OSTaskResume()是通过清除 OSTCBStat 域中的 OS_STAT_SUSPEND
位来取消挂起的。要使任务处于就绪状态，OS_TCBDly 域必须为 0，这是因为在 OSTCBStat
中没有任何标志表明任务正在等待延时的期满。只有当以上两个条件都满足的时候，任务
才处于就绪状态。最后，任务调度程序会检查被恢复的任务拥有的优先级是否比调用本函
数的任务的优先级高。

7) 获得有关任务的信息

用户的应用程序可以通过调用 OSTaskQuery()来获得自身或其他应用任务的信息。实际
上，OSTaskQuery()获得的是对应任务的 OS_TCB 中内容的拷贝。用户能访问的 OS_TCB

的数据域的多少决定于用户的应用程序的配置(参看 OS_CFG.H)。由于 μC/OS-Ⅱ是可裁剪的，它只包括那些用户的应用程序所要求的属性和功能。

要调用 OSTaskQuery()，用户的应用程序必须要为 OS_TCB 分配存储空间。这个 OS_TCB 与 μC/OS-Ⅱ分配的 OS_TCB 是完全不同的数据空间。在调用了 OSTaskQuery()后，这个 OS_TCB 包含了对应任务的 OS_TCB 的副本。用户必须十分小心地处理 OS_TCB 中指向其他 OS_TCB 的指针(即 OSTCBNext 与 OSTCBPrev)；用户不要试图去改变这些指针！一般来说，本函数只用来了解任务正在干什么——本函数是有用的调试工具。

4. 时间管理

μC/OS-Ⅱ(其他内核也一样)要求用户提供定时中断来实现延时与超时控制等功能。这个定时中断叫做时钟节拍，它应该每秒发生 10~100 次。时钟节拍的实际频率是由用户的应用程序决定的。时钟节拍的频率越高，系统的负荷就越重。时间管理主要包括任务延时函数、按时分秒延时函数、让处在延时期的任务结束延时函数、系统时间等模块。

1) 任务延时函数

μC/OS-Ⅱ提供了这样一个系统服务：申请该服务的任务可以延时一段时间，这段时间的长短是用时钟节拍的数目来确定的。实现这个系统服务的函数叫做 OSTimeDly()。调用该函数会使 μC/OS-Ⅱ进行一次任务调度，并且执行下一个优先级最高的就绪态任务。任务调用 OSTimeDly()后，一旦规定的时间期满或者有其他的任务通过调用 OSTimeDlyResume()取消了延时，它就会马上进入就绪状态。注意，只有当该任务在所有就绪任务中具有最高的优先级时，它才会立即运行。

用户的应用程序是通过提供延时的时钟节拍数(1~65 535 之间的数)，来调用任务延时函数的。如果用户指定 0 值，则表明用户不想延时任务，函数会立即返回到调用者。非 0 值会使得任务延时函数 OSTimeDly()将当前任务从就绪表中移除。接着，这个延时节拍数会被保存在当前任务的 OS_TCB 中，并且通过 OSTimeTick()每隔一个时钟节拍就减少一个延时节拍数。最后，既然任务已经不再处于就绪状态，任务调度程序会执行下一个优先级最高的就绪任务。

2) 按时、分、秒延时函数

OSTimeDly()虽然是一个非常有用的函数，但用户的应用程序需要知道延时时间对应的时钟节拍的数目。用户可以使用定义全局常数 OS_TICKS_PER_SEC(参看 OS_CFG.H)的方法将时间转换成时钟段，但这种方法有时显得比较愚笨。笔者增加了 OSTimeDlyHMSM()函数后，用户就可以按小时(H)、分(M)、秒(S)和毫秒(m)来定义时间了，这样会显得更自然些。与 OSTimeDly()一样，调用 OSTimeDlyHMSM()函数也会使 μC/OS-Ⅱ进行一次任务调度，并且执行下一个优先级最高的就绪态任务。任务调用 OSTimeDlyHMSM()后，一旦规定的时间期满或者有其他的任务通过调用 OSTimeDlyResume()取消了延时，它就会马上处于就绪态。同样，只有当该任务在所有就绪态任务中具有最高的优先级时，它才会立即运行。

应用程序是通过用小时、分、秒和毫秒指定延时来调用该函数的。在实际应用中，用户应避免使任务延时过长的时间，因为从任务中获得一些反馈行为(如减少计数器，清除 LED 等)经常是很不错的事。但是，如果用户确实需要延时长时间的话，μC/OS-Ⅱ可以将任务延时长达 256 个小时(接近 11 天)。

OSTimeDlyHMSM()一开始先要检验用户是否为参数定义了有效的值。与 OSTimeDly() 一样，即使用户没有定义延时，OSTimeDlyHMSM()也是存在的。因为 μC/OS-Ⅱ 只知道节拍，所以节拍总数是从指定的时间中计算出来的。而 OS_TICKS_PER_SEC 决定了最接近需要延迟的时间的时钟节拍总数。

μC/OS-Ⅱ 支持的延时最长为 65 535 个节拍。要想支持更长时间的延时，OSTimeDly HMSM()确定了用户想延时多少次超过 65 535 个节拍的数目和剩下的节拍数。例如，若 OS_TICKS_PER_SEC 的值为 100，用户想延时 15 分钟，则 OSTimeDlyHMSM()会延时 15 × 60 × 100 = 90 000 个时钟。这个延时会被分割成两次 32 768 个节拍的延时(因为用户只能延时 65 535 个节拍而不是 65 536 个节拍)和一次 24 464 个节拍的延时。在这种情况下，OSTimeDlyHMSM()首先考虑剩下的节拍，然后是超过 65 535 的节拍数(即两个 32 768 个节拍延时)。

3) 让处在延时期的任务结束延时函数

μC/OS-Ⅱ 允许用户结束延时正处于延时期的任务。延时的任务可以不等待延时期满，而是通过其他任务取消延时来使自己处于就绪态。这可以通过调用 OSTimeDlyResume()和指定要恢复的任务的优先级来完成。实际上，OSTimeDlyResume()也可以唤醒正在等待事件的任务，虽然这一点并没有提到过。在这种情况下，等待事件发生的任务会考虑是否终止等待事件。

OSTimeDlyResume()首先要确保指定的任务优先级有效。接着，OSTimeDlyResume() 要确认要结束延时的任务是确实存在的。如果任务存在，OSTimeDlyResume()会检验任务是否在等待延时期满。只要 OS_TCB 域中的 OSTCBDly 包含非 0 值就表明任务正在等待延时期满，因为任务调用了 OSTimeDly()，OSTimeDlyHMSM()或其他的 PEND 函数。然后延时就可以通过强制命令 OSTCBDly 为 0 来取消。延时的任务有可能已被挂起了，这样的话，任务只有在没有被挂起的情况下才能处于就绪状态。当上面的条件都满足后，任务就会被放在就绪表中。这时，OSTimeDlyResume()会调用任务调度程序来看被恢复的任务是否拥有比当前任务更高的优先级。这会导致任务的切换。

4) 系统时间

无论时钟节拍何时发生，μC/OS-Ⅱ 都会将一个 32 位的计数器加 1。这个计数器在用户调用 OSStart()初始化多任务和 4 294 967 295 个节拍执行完一遍的时候从 0 开始计数。在时钟节拍的频率等于 100 Hz 的时候，这个 32 位的计数器每隔 497 天就重新开始计数。用户可以通过调用 OSTimeGet()来获得该计数器的当前值，也可以通过调用 OSTimeSet()来改变该计数器的值。注意，在访问 OSTime 的时候中断是关掉的。这是因为在大多数 8 位处理器上增加和拷贝一个 32 位的数都需要数条指令，这些指令一般都需要一次执行完毕，而不能被中断等因素打断。

5. 任务之间的通信与同步

在 μC/OS-Ⅱ 中，有多种方法可以保护任务之间的共享数据和提供任务之间的通信。一个任务或者中断服务子程序可以通过事件控制块(Event Control Blocks，ECB)来向另外的任务发信号。这里，所有的信号都被看成是事件(Event)。这也说明为什么上面把用于通信的数据结构叫做事件控制块。一个任务还可以等待另一个任务或中断服务子程序给它发送信号。这里要注意的是，只有任务可以等待事件发生，中断服务子程序是不能这样做的。对于处于等待状态的任务，还可以给它指定一个最长等待时间，以此来防止因为等待的事件没有发生而无限期地等下去。事件控制块的使用如图 2.3 所示。

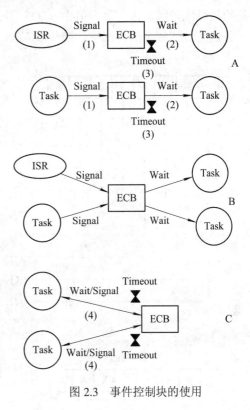

图 2.3　事件控制块的使用

多个任务可以同时等待同一个事件的发生。在这种情况下，当该事件发生后，所有等待该事件的任务中，优先级最高的任务得到了该事件并进入就绪状态，准备执行。上面讲到的事件，可以是信号量、邮箱或者消息队列等。当事件控制块是一个信号量时，任务可以等待它，也可以给它发送消息。

1) 事件控制块 ECB

μC/OS-Ⅱ 通过 uCOS_Ⅱ.H 中定义的 OS_EVENT 数据结构来维护一个事件控制块的所有信息，ECB 的数据结构如下：

```
typedef struct {
    void    *OSEventPtr;                /* 指向消息或者消息队列的指针 */
    INT8U   OSEventTbl[OS_EVENT_TBL_SIZE]; /* 等待任务列表 */
    INT16U  OSEventCnt;                /* 计数器(当事件是信号量时) */
    INT8U   OSEventType;               /* 时间类型 */
    INT8U   OSEventGrp;                /* 等待任务所在的组 */
} OS_EVENT；
```

.OSEventPtr 指针，只有在所定义的事件是邮箱或者消息队列时才使用。当所定义的事件是邮箱时，它指向一个消息，而当所定义的事件是消息队列时，它指向一个数据结构。.OSEventTbl[]和.OSEventGrp 很像前面讲到的 OSRdyTbl[]和 OSRdyGrp，只不过前两者包含的是等待某事件的任务，而后两者包含的是系统中处于就绪状态的任务。当事件是一个信号量时，.OSEventCnt 是用于信号量的计数器。.OSEventType 定义了事件的具体类型。它可以是信号量(OS_EVENT_SEM)、邮箱(OS_EVENT_TYPE_MBOX)或消息队列(OS_EVENT_TYPE_Q)中的一种。用户要根据该域的具体值来调用相应的系统函数，以保证对其进行的操作的正确性。

每个等待事件发生的任务都被加入到该事件控制块中的等待任务列表中(见图 2.4)，该列表包括 .OSEventGrp 和 .OSEventTbl[]两个域。变量前面的"."说明该变量是数据结构的一个域。在这里，所有的任务的优先级被分成 8 组(每组 8 个优先级)，分别对应 .OSEventGrp 中的 8 位。当某组中有任务处于等待该事件的状态时，.OSEventGrp 中对应的位就被置位。相应地，该任务在.OSEventTbl[]中的对应位也被置位。.OSEventTbl[]数组的大小由系统中任务的最低优先级决定，这个值由 uCOS_Ⅱ.H 中的 **OS_LOWEST_PRIO** 常数定义。这样，在任务优先级比较少的情况下，减少 μC/OS-Ⅱ对系统 **RAM** 的占用量。

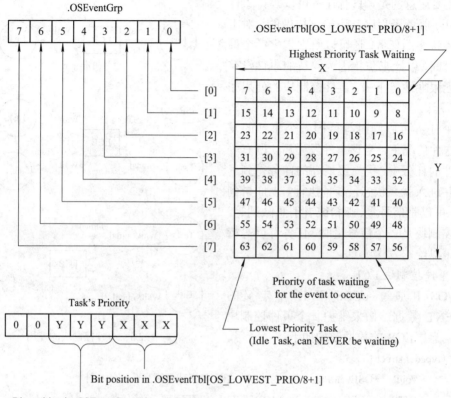

图 2.4　事件的等待任务列表

在 μC/OS-Ⅱ中，事件控制块的总数由用户所需要的信号量、邮箱和消息队列的总数决定。该值由 **OS_CFG.H** 中的#define **OS_MAX_EVENTS** 定义。在调用 **OSInit()**时(见 μC/OS-Ⅱ 的初始化)，所有事件控制块被链接成一个单向链表——空闲事件控制块链表(见图 2.5)。每当建立一个信号量、邮箱或者消息队列时，就从该链表中取出一个空闲事件控制块，并对它进行初始化。因为信号量、邮箱和消息队列一旦建立就不能删除，所以事件控制块也不能放回到空闲事件控制块链表中。

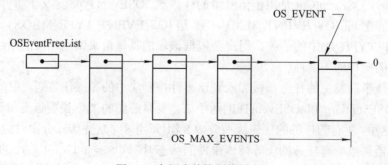

图 2.5　空闲事件控制块链表

对于事件控制块进行的一些通用操作包括：初始化一个事件控制块、使一个任务进入就绪态、使一个任务进入等待该事件的状态、因为等待超时而使一个任务进入就绪态。为了避免代码重复和减短程代码长度，μC/OS-Ⅱ将上面的操作用 4 个系统函数实现，它们是：OSEventWaitListInit()，OSEventTaskRdy()，OSEventWait()和 OSEventTO()。详见 μC/OS-Ⅱ用户手册。

2) 信号量

μC/OS-Ⅱ中的信号量由两部分组成：一个是信号量的计数值，它是一个 16 位的无符号整数(0～65 535 之间)；另一个是由等待该信号量的任务组成的等待任务表。用户要在 OS_CFG.H 中将 OS_SEM_EN 开关量常数置成 1，这样 μC/OS-Ⅱ才能支持信号量。

在使用一个信号量之前，首先要建立该信号量，也即调用 OSSemCreate()函数，对信号量的初始计数值赋值。该初始值为 0～65 535 之间的一个数。如果信号量是用来表示一个或者多个事件的发生，那么该信号量的初始值应设为 0。如果信号量是用于对共享资源的访问，那么该信号量的初始值应设为 1(例如，把它当作二值信号量使用)。最后，如果该信号量是用来表示允许任务访问 n 个相同的资源，那么该初始值显然应该是 n，并把该信号量作为一个可计数的信号量使用。

μC/OS-Ⅱ提供了 5 个对信号量进行操作的函数。它们是：OSSemCreate()，OSSemPend()，OSSemPost()，OSSemAccept()和 OSSemQuery()函数(详见 μC/OS-Ⅱ用户手册)。图 2.6 说明了任务、中断服务子程序和信号量之间的关系。图中用钥匙或者旗帜的符号来表示信号量：如果信号量用于对共享资源的访问，那么信号量就用钥匙符号。符号旁边的数字 N 代表可用资源数。对于二值信号量，该值就是 1；如果信号量用于表示某事件的发生，那么就用旗帜符号。这时的数字 N 代表事件已经发生的次数。从图 2.6 中可以看出，OSSemPost()函数可以由任务或者中断服务子程序调用，而 OSSemPend()和 OSSemQuery()函数只能由任务程序调用。

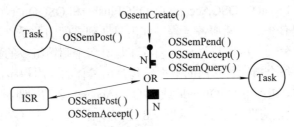

图 2.6　任务、中断服务子程序和信号量之间的关系

3) 邮箱

邮箱是 μC/OS-Ⅱ中另一种通信机制，它可以使一个任务或者中断服务子程序向另一个任务发送一个指针型的变量。该指针指向一个包含了特定"消息"的数据结构。为了在 μC/OS-Ⅱ中使用邮箱，必须将 OS_CFG.H 中的 OS_MBOX_EN 常数置为 1。

在使用邮箱之前，必须先建立该邮箱。该操作可以通过调用 OSMboxCreate()函数来完成，并且要指定指针的初始值。一般情况下，这个初始值是 NULL，但也可以初始化一个邮箱，使其在最开始就包含一条消息。如果使用邮箱的目的是用来通知一个事件的发生(发送一条消息)，那么就要初始化该邮箱为 NULL，因为在开始时，事件还没有发生。如果用户用邮箱来共享某些资源，那么就要初始化该邮箱为一个非 NULL 的指针。在这种情况下，邮箱被当成一个二值信号量使用。

μC/OS-Ⅱ提供了 5 种对邮箱的操作：OSMboxCreate()，OSMboxPend()，OSMboxPost()，OSMboxAccept()和 OSMboxQuery()函数(详见 μC/OS-Ⅱ用户手册)。图 2.7 描述了任务、中断服务子程序和邮箱之间的关系，这里用符号"Ⅰ"表示邮箱。邮箱包含的内容是一个指向一条消息的指针。一个邮箱只能包含一个这样的指针(邮箱为满时)，或者一个指向 NULL 的指针(邮箱为空时)。从图 2.7 可以看出，任务或者中断服务子程序可以调用函数 OSMboxPost()，但是只有任务可以调用函数 OSMboxPend()和 OSMboxQuery()。

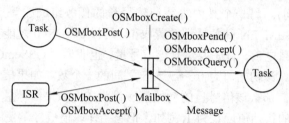

图 2.7　任务、中断服务子程序和邮箱之间的关系

4) 消息队列

消息队列是 μC/OS-Ⅱ中另一种通信机制，它可以使一个任务或者中断服务子程序向另一个任务发送以指针方式定义的变量。因具体的应用有所不同，每个指针指向的数据结构变量也有所不同。为了使用 μC/OS-Ⅱ的消息队列功能，需要在 OS_CFG.H 文件中，将 OS_Q_EN 常数设置为 1，并且通过常数 OS_MAX_QS 来决定 μC/OS-Ⅱ支持的最多消息队列数。

在使用一个消息队列之前，必须先建立该消息队列。这可以通过调用 OSQCreate()函数，并定义消息队列中的单元数(消息数)来完成。

μC/OS-Ⅱ提供了 7 个对消息队列进行操作的函数：OSQCreate()，OSQPend()，OSQPost()，OSQPostFront()，OSQAccept()，OSQFlush()和 OSQQuery()函数(详见 μC/OS-Ⅱ用户手册)。图 2.8 是任务、中断服务子程序和消息队列之间的关系。其中，消息队列的符号很像多个邮箱。实际上，可以将消息队列看作是时多个邮箱组成的数组，只是它们共用一个等待任务列表。每个指针所指向的数据结构是由具体的应用程序决定的。N 代表了消息队列中的总单元数。在调用 OSQPend()或者 OSQAccept()之前，调用 N 次 OSQPost()或者 OSQPostFront()就会把消息队列填满。从图 2.8 中可以看出，一个任务或者中断服务子程序可以调用 OSQPost()，OSQPostFront()，OSQFlush()或者 OSQAccept()函数。但是，只有任务可以调用 OSQPend()和 OSQQuery()函数。

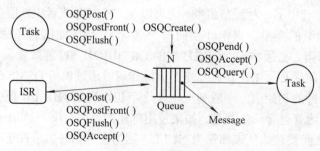

图 2.8　任务、中断服务子程序和消息队列之间的关系

　　图 2.9 是实现消息队列所需要的各种数据结构。这里也需要事件控制块来记录等待任务列表，而且，事件控制块可以使多个消息队列的操作和信号量操作、邮箱操作相同的代码。当建立了一个消息队列时，一个队列控制块(OS_Q 结构，见 OS_Q.C 文件)也同时被建立，并通过 OS_EVENT 中的.OSEventPtr 域链接到对应的事件控制块。在建立一个消息队列之前，必须先定义一个含有与消息队列最大消息数相同个数的指针数组。数组的起始地址以及数组中的元素数作为参数传递给 OSQCreate()函数。事实上，如果内存占用了连续的地址空间，也没有必要非得使用指针数组结构。

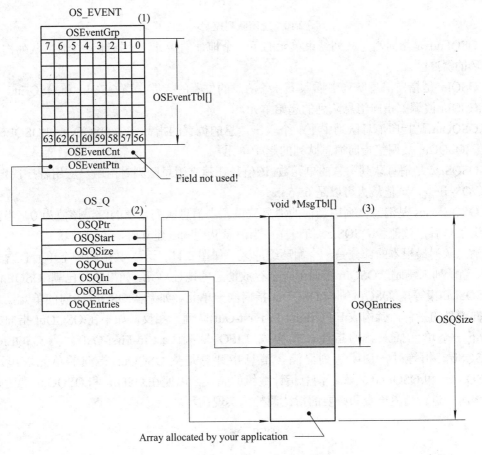

图 2.9　用于消息队列的数据结构

　　文件 OS_CFG.H 中的常数 OS_MAX_QS 定义了在 μC/OS-Ⅱ中可以使用的最大消息队列数，这个值最小应为 2。μC/OS-Ⅱ在初始化时建立一个空闲的队列控制块链表，如图 2.10 所示。

　　队列控制块是一个用于维护消息队列信息的数据结构，它包含了以下的一些域。这里，仍然在各个变量前加入一个 ".." 来表示它们是数据结构中的一个域。

　　.OSQPtr 在空闲队列控制块中链接所有的队列控制块。一旦建立了消息队列，该域就不再有用了。

　　.OSQStart 是指向消息队列的指针数组的起始地址的指针。用户应用程序在使用消息队列之前必须先定义该数组。

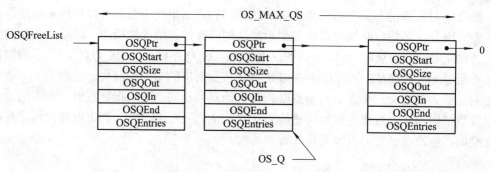

图 2.10　空闲队列控制块链表

.OSQEnd 是指向消息队列结束单元的下一个地址的指针。该指针使得消息队列构成一个循环的缓冲区。

.OSQIn 是指向消息队列中插入下一条消息的位置的指针。当.OSQIn 和.OSQEnd 相等时，.OSQIn 被调整指向消息队列的起始单元。

.OSQOut 是指向消息队列中下一个取出消息的位置的指针。当.OSQOut 和.OSQEnd 相等时，.OSQOut 被调整指向消息队列的起始单元。

.OSQSize 是消息队列中总的单元数。该值是在建立消息队列时由用户应用程序决定的。在 μC/OS-Ⅱ 中，该值最大可以是 65 535。

.OSQEntries 是消息队列中当前的消息数量。当消息队列是空的时，该值为 0。当消息队列满了以后，该值和.OSQSize 值一样。当消息队列刚刚建立时，该值为 0。

消息队列最根本的部分是一个循环缓冲区，如图 2.11 所示。其中的每个单元包含一个指针。当队列未满时，.OSQIn 指向下一个存放消息的地址单元。如果队列已满(.OSQEntries 与.OSQSize 相等)，.OSQIn 则与.OSQOut 指向同一单元。如果在.OSQIn 指向的单元插入新的指向消息的指针，就构成 FIFO(First-In-First-Out)队列。相反，如果在.OSQOut 指向的单元的下一个单元插入新的指针，就构成 LIFO 队列(Last-In-First-Out)。当.OSQEntries 和.OSQSize 相等时，说明队列已满。消息指针总是从.OSQOut 指向的单元取出。指针.OSQStart 和.OSQEnd 定义了消息指针数组的头尾，以便在.OSQIn 和.OSQOut 到达队列的边缘时，进行边界检查和必要的指针调整，实现循环功能。

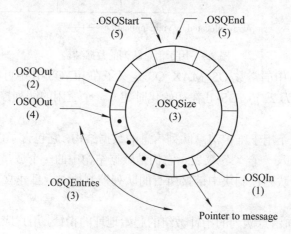

图 2.11　消息队列是一个由指针组成的循环缓冲区

6. 内存管理

已知，在 ANSI C 中可以用 malloc()和 free()两个函数动态地分配内存和释放内存。但是，在嵌入式实时操作系统中，多次这样做会把原来很大的一块连续内存区域，逐渐地分割成许多非常小而且彼此又不相邻的内存区域，也就是内存碎片。由于这些碎片的大量存在，使得程序到后来连非常小的内存也分配不到。在任务堆栈中，用 malloc()函数来分配堆栈时，曾经讨论过内存碎片的问题。另外，由于内存管理算法的原因，malloc()和 free()函数执行时间是不确定的。

1) 内存按区

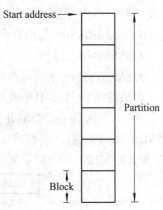

在 μC/OS- Ⅱ 中，操作系统把连续的大块内存按分区来管理。每个分区中包含有整数个大小相同的内存块，如图 2.12 所示。利用这种机制，μC/OS- Ⅱ 对 malloc()和 free()函数进行了改进，使得它们可以分配和释放固定大小的内存块。这样一来，malloc()和 free()函数的执行时间也是固定的了。

如图 2.13 所示，在一个系统中可以有多个内存分区。这样，用户的应用程序就可以从不同的内存分区中得到不同大小的内存块。但是，特定的内存块在释放时必须重新放回它以前所属于的内存分区。显然，采用这样的内存管理算法，上面的内存碎片问题就得到了解决。

图 2.12 内存分区

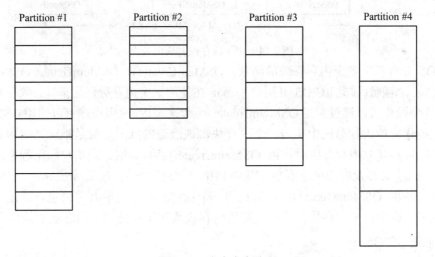

图 2.13 多个内存分区

2) 内存控制块

为了便于内存的管理，在 μC/OS- Ⅱ 中使用内存控制块(Memory Control Blocks)的数据结构来跟踪每一个内存分区，系统中的每个内存分区都有它自己的内存控制块。内存控制块的数据结构如下：

```
typedef struct {
    void    *OSMemAddr;
    void    *OSMemFreeList;
```

```
        INT32U    OSMemBlkSize；
        INT32U    OSMemNBlks；
        INT32U    OSMemNFree；
    } OS_MEM；
```

.OSMemAddr 是指向内存分区起始地址的指针。它在建立内存分区，在此之后就不能更改了。

.OSMemFreeList 是指向下一个空闲内存控制块或者下一个空闲的内存块的指针，具体含义要根据该内存分区是否已经建立来决定。

.OSMemBlkSize 是内存分区中内存块的大小，是用户建立该内存分区时指定的。

.OSMemNBlks 是内存分区中总的内存块数量，也是用户建立该内存分区时指定的。

.OSMemNFree 是内存分区当中当前可得空闲内存块数量。

如果要在 μC/OS-Ⅱ中使用内存管理，需要在 OS_CFG.H 文件中将开关量 OS_MEM_EN 设置为 1。这样 μC/OS-Ⅱ在启动时就会对内存管理器进行初始化[由 OSInit()调用 OSMemInit()实现]。该初始化主要建立一个图 2.14 所示的内存控制块链表，其中的常数 OS_MAX_MEM_PART(见文件 OS_CFG.H)定义了最大的内存分区数，该常数值至少应为 2。

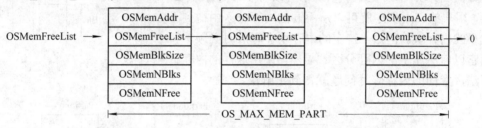

图 2.14　空闲内存控制块链表

μC/OS-Ⅱ提供了多个内存管理的函数：OSMemCreate()，OSMemGet()，OSMemPut()，OSMemQuery()函数(详见 μC/OS-Ⅱ用户手册)。在使用一个内存分区之前，必须先建立该内存分区，这个操作可以通过调用 OSMemCreate()函数来完成。应用程序可以调用 OSMemGet()函数从已经建立的内存分区中申请一个内存块，该函数的唯一参数是指向特定内存分区的指针，该指针在建立内存分区时，由 OSMemCreate()函数返回。当用户应用程序不再使用一个内存块时，必须及时地把它释放并放回到相应的内存分区中，这个操作由 OSMemPut()函数完成。使用 OSMemQuery()函数来查询一个特定内存分区的有关消息，通过该函数可以知道特定内存分区中内存块的大小、可用内存块数和正在使用的内存块数等信息。

7.　移植 μC/OS-Ⅱ

所谓移植，就是使一个实时内核能在某个微处理器或微控制器上运行。为了方便移植，大部分的 μC/OS-Ⅱ代码是用 C 语言写的；但仍需要用 C 和汇编语言写一些与处理器相关的代码，这是因为 μC/OS-Ⅱ在读写处理器寄存器时只能通过汇编语言来实现。因为 μC/OS-Ⅱ在设计时就已经充分考虑了可移植性，所以 μC/OS-Ⅱ的移植相对来说是比较容易的。这里介绍的内容将有助于用户了解 μC/OS-Ⅱ中与处理器相关的代码。要使 μC/OS-Ⅱ正常运行，处理器必须满足以下要求：

①　处理器的 C 编译器能产生可重入代码。

② 用 C 语言就可以打开和关闭中断。

③ 处理器支持中断，并且能产生定时中断(通常在 10～100 Hz 之间)。

④ 处理器支持能够容纳一定量数据(可能是几千字节)的硬件堆栈。

⑤ 处理器有将堆栈指针和其他 CPU 寄存器读出和存储到堆栈或内存中的指令。

像 Motorola 6805 系列的处理器不能满足上面的第 4 条和第 5 条要求，所以 μC/OS-Ⅱ不能在这类处理器上运行。

图 2.15 说明了 μC/OS-Ⅱ的结构以及它与硬件的关系。由于 μC/OS-Ⅱ为自由软件，当用户用到 μC/OS-Ⅱ时，有责任公开应用软件和 μC/OS-Ⅱ的配置代码。μC/OS-Ⅱ用户手册包含了所有与处理器无关的代码和 Intel 80x86 实模式下的与处理器相关的代码(C 编译器大模式下编译)。如果用户打算在其他处理器上使用 μC/OS-Ⅱ，最好能找到一个现成的移植实例，如果没有只好自己编写了。用户可以在正式的 μC/OS-Ⅱ网站 www.μCOS-Ⅱ.com 中查找一些移植实例。

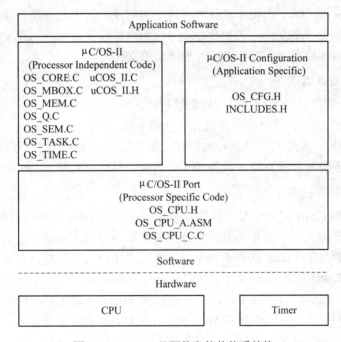

图 2.15   μC/OS-Ⅱ硬件和软件体系结构

移植 μC/OS-Ⅱ需要一个 C 编译器，并且是针对用户用的 CPU 的。因为 μC/OS-Ⅱ是一个可剥夺型内核，用户只有通过 C 编译器来产生可重入代码；C 编译器还要支持汇编语言程序。绝大部分的 C 编译器都是为嵌入式系统设计的，它包括汇编器、连接器和定位器。连接器用来将不同的模块(编译过和汇编过的文件)连接成目标文件。定位器则允许用户将代码和数据放置在目标处理器的指定内存映射空间中。所用的 C 编译器还必须提供一个机制来从 C 中打开和关闭中断。一些编译器允许用户在 C 源代码中插入汇编语言。这就使得插入合适的处理器指令来允许和禁止中断变得非常容易了。还有一些编译器实际上包括了语言扩展功能，可以直接从 C 中允许和禁止中断。具体要实现 μC/OS-Ⅱ的移植，请查阅用户使用 CPU 的相关编译器资料。

2.3.2　Linux

Linux 是一种自由和开放源代码的类 Unix 操作系统，存在着许多不同的 Linux 版本，但它们都使用了 Linux 内核。Linux 可安装在各种计算机硬件设备中，比如手机、平板电脑、路由器、视频游戏控制台、台式计算机、大型机和超级计算机。Linux 是一个领先的操作系统，世界上运算最快的 10 台超级计算机运行的都是 Linux 操作系统。

Linux 以它的高效性和灵活性著称，Linux 模块化的设计结构，使得它既能在价格昂贵的工作站上运行，也能够在廉价的 PC 上实现全部的 Unix 特性，具有多任务、多用户的能力。Linux 是在 GNU 公共许可权限下免费获得的，是一个符合 POSIX 标准的操作系统。Linux 操作系统软件包不仅包括完整的 Linux 操作系统，而且还包括了文本编辑器、高级语言编译器等应用软件。它还包括带有多个窗口管理器的 X-Windows 图形用户界面，如同 Windows NT 一样，允许使用窗口、图标和菜单对系统进行操作。Linux 的基本思想有两点：第一，一切都是文件；第二，每个软件都有确定的用途。其中第一条详细来讲就是系统中的所有内容都归结为一个文件，包括命令、硬件和软件设备、操作系统、进程等。对于操作系统内核而言，都被视为拥有各自特性或类型的文件。

1．Linux 的系统组成

(1) 用户应用程序。为用户提供应用处理程序。

(2) 系统(功能)调用。用户与操作系统交互的中间程序。

(3) Linux 内核。操作系统最核心的部分，是系统服务程序和用户程序(称为上层软件)和硬件接口，用于管理系统资源，例如 CPU、内存、外部设备等。

2．Linux 的基本特性

(1) 完全免费。Linux 是一款免费的操作系统，用户可以通过网络或其他途径免费获得，并可以任意修改其源代码。这是其他的操作系统所做不到的。正是由于这一点，来自全世界的无数程序员参与了 Linux 的修改、编写工作，程序员可以根据自己的兴趣和灵感对其进行改变，这让 Linux 吸收了无数程序员的精华，不断壮大。

(2) 完全兼容 POSIX 1.0 标准。这使得可以在 Linux 下通过相应的模拟器运行常见的 DOS，Windows 的程序。这为用户从 Windows 转到 Linux 奠定了基础。许多用户在考虑使用 Linux 时，就想到以前在 Windows 下常见的程序是否能正常运行，这一点就消除了他们的疑虑。

(3) 多用户、多任务。Linux 支持多用户，各个用户对于自己的文件设备有自己特殊的权利，保证了各用户之间互不影响。多任务则是现在电脑最主要的一个特点，Linux 可以使多个程序同时并独立地运行。

(4) 良好的界面。Linux 同时具有字符界面和图形界面。在字符界面，用户可以通过键盘输入相应的指令来进行操作。它同时也提供了类似 Windows 图形界面的 X-Window 系统，用户可以使用鼠标对其进行操作。在 X-Window 环境中就和在 Windows 中相似，可以说是一个 Linux 版的 Windows。

(5) 丰富的网络功能。Unix 是在互联网的基础上繁荣起来的，Linux 的网络功能当然不会逊色。它的网络功能和其内核紧密相连，在这方面 Linux 要优于其他操作系统。在 Linux

中，用户可以轻松实现网页浏览、文件传输、远程登录等网络工作，并且可以作为服务器提供 WWW，FTP，E-Mail 等服务。

(6) 可靠的安全、稳定性能。Linux 采取了许多安全技术措施，其中有对读、写进行权限控制，审计跟踪，核心授权等技术，这些都为安全提供了保障。Linux 由于需要应用到网络服务器，这对稳定性也有比较高的要求，实际上，Linux 在这方面也十分出色。

(7) 支持多种平台。Linux 可以运行在多种硬件平台上，如具有 x86，680x0，SPARC，Alpha 等处理器的平台。此外，Linux 还是一种嵌入式操作系统，可以运行在掌上电脑、机顶盒或游戏机上。2001 年 1 月份发布的 Linux 2.4 版内核已经能够完全支持 Intel 64 位芯片架构。同时，Linux 也支持多处理器技术，多个处理器同时工作，使系统性能大大提高。

2.3.3 Windows CE

Windows CE 操作系统是 Windows 家族中的成员，专门设计给掌上电脑(HPCs)以及嵌入式设备所使用的电脑环境。这样的操作系统可使完整的可移动技术与现有的 Windows 桌面技术整合工作。Windows CE 被设计成针对小型设备(它是典型的拥有有限内存的无磁盘系统)的通用操作系统。

Windows CE 可以通过设计一层位于内核和硬件之间代码来设定硬件平台，这即是众所周知的硬件抽象层(HAL)(这被称为 OEMC(原始设备制造)适应层，即 OAL；内核压缩层，即 KAL。以免与微软的 Windows NT 操作系统 HAL 混淆)。不像其他的微软 Windows 操作系统，Windows CE 并不是代表一个标准的、相同的对所有平台适用的软件。为了足够灵活以达到适应广泛产品需求，Windows CE 采用标准模式，这就意味着，它能够由一系列软件模式做出选择，从而使产品定制。另外，一些可利用模式也可作为其组成部分，这意味着这些模式能够通过从一套可利用的组分做出选择，从而成为标准模式，通过选择，能够达到系统要求的最小模式，OEM 能够减少存储脚本和操作系统的运行。

Windows CE 中的 C 代表袖珍(Compact)、消费(Consumer)、通信能力(Connectivity)和伴侣(Companion)；E 代表电子产品(Electronics)。与 Windows 95/98，Windows NT 不同的是，Windows CE 是所有源代码全部由微软自行开发的嵌入式新型操作系统，其操作界面虽来源于 Windows 95/98，但 Windows CE 是基于 Win32 API 重新开发、新型的信息设备的平台。Windows CE 具有模块化、结构化和基于 Win32 应用程序接口和与处理器无关等特点。Windows CE 不仅继承了传统的 Windows 图形界面，并且在 Windows CE 平台上可以使用 Windows 95/98 上的编程工具(如 Visual Basic，Visual C++等)，使用同样的函数，使用同样的界面风格，使绝大多数的应用软件只需简单的修改和移植就可以在 Windows CE 平台上继续使用。Windows CE 并非是专为单一装置设计的，所以微软旗下采用 Windows CE 作业系统的产品大致分为三条产品线，Pocket PC(掌上电脑)，Handheld PC(手持设备)及 Auto PC。

1. Windows CE 的特色

(1) 增进工作产能和效率的通讯录、日历行程、工作管理，Microsoft Pocket Excel 与 Microsoft Pocket Word 控制台可以控制并管理 Windows CE 与办公室 PC 的连接。这让在用户的 PC 与 PDA 之间转移资料并与他人通过电子邮件及红外线无线电通信，同时与其他手携式设备交换资料。利用便携式 Internet Explorer 遨游网络，并使用户的 HPC 达到最大的功用。

(2) 从随时随地的使用电脑及 PDA，到智慧型家电用品及丰富的多媒体家庭剧院，Microsoft Windows CE 为工作、家庭及其间的任何一部分开启了动态的、崭新的开发远景。这个模块化、可自订的作业系统将 Windows 平台延伸到桌面之外，到达更小、更机动性、更特别的装置之上，然而它的 Windows 血统则确保了它的相容性，并且支援了更广泛的开发基础。Microsoft Windows CE 揭露了革命性的系统架构，可以让身为开发者或科技领导者的用户，扩展消费者及工业电子上的新市场。

2．基于 Windows CE 构建的嵌入式系统的层次

基于 Windows CE 构建的嵌入式系统大致可以分为 4 个层次，从底层向上依次是：硬件层、OEM 层、操作系统层和应用层。不同层次是由不同厂商提供的，一般来说，硬件层和 OEM 层由硬件 OEM 厂商提供；操作系统层由微软公司提供；应用层由独立软件开发商提供。

每一层分别由不同的模块组成，每个模块又由不同的组件构成。这种层次性的结构试图将硬件和软件、操作系统和应用程序隔开，以便于实现系统的移植，便于进行硬件、软件、操作系统、应用程序等开发的人员分工合作、并行开发。

(1) 硬件层。硬件层是指由 CPU、存储器、I/O 端口、扩展板卡等组成的嵌入式硬件系统，是 Windows CE 操作系统必不可少的载体。一方面，操作系统为嵌入式应用提供一个运行平台；另一方面，操作系统要运行在硬件之上，直接与硬件打交道并管理硬件。值得注意的是，由于嵌入式系统是以应用为核心的，嵌入式系统中的硬件通常是根据应用需要定制的，因此，各种硬件体系结构之间的差异非常大。"更小、更快、更省钱"几乎是所有嵌入式系统硬件的设计目标。

(2) OEM 层。OEM 层是逻辑上位于硬件和 Windows CE 操作系统之间的一层硬件相关代码。它的主要作用是对硬件进行抽象，抽象出统一的接口，然后 Windows CE 内核就可以用这些接口与硬件进行通信。

3．Windows CE 与 Linux 的区别

嵌入式 Linux OS 与 Windows CE 相比的优点：

第一，Linux 是开放源代码，遍布全球的众多 Linux 爱好者都是 Linux 开发者的强大技术支持者；Windows CE 目前 6.0 内核全部开放，GUI 不开放。第二，Linux 的内核小、效率高；与 Windows CE 相比，占用过多的 RAM。第三，Linux 是开放源代码的 OS，在价格上极具竞争力，适合中国国情。Windows CE 需要版权费用。第四，Linux 不仅支持 x86 芯片，还是一个跨平台的系统。更换 CPU 时就不会遇到更换平台的困扰。第五，Linux 内核的结构在网络方面是非常完整的，它提供了对包括十兆位、百兆位及千兆位的以太网络，还有无线网络、Token ring 和光纤甚至卫星的支持，目前，Windows CE 的网络功能也比较强大。

嵌入式 Linux OS 与 Windows CE 相比的弱点：

第一，Llinux 开发难度较高，需要很高的技术实力，Wincows CE 开发相对较容易，开发周期短，内核完善，主要是应用层开发。第二，Linux 核心调试工具不全，调试不太方便，

尚没有很好的用户图形界面，Windows CE 的 GUI 丰富，开发工具强大；第三，系统维护难度大。Linux 在使用较完整的 GUI 时一般会占用较大的内存，去掉部分无用的功能来减小使用的内存，但是如果不仔细，将引起新的问题。

2.3.4　Qt

Qt 是诺基亚开发的一个跨平台的 C++图形用户界面应用程序框架。它为应用程序开发者提供建立图形用户界面所需的功能。Qt 是完全面向对象的，很容易扩展，并且允许组件编程。1996 年，Qt 进入商业领域，它已经成为全世界范围内数千种成功的应用程序的基础。Qt 也是流行的 Linux 桌面环境 KDE 的基础。基本上，Qt 同 X Window 上的 Motif、Openwin、GTK 等图形界面库和 Windows 平台上的 MFC、OWL、VCL、ATL 是同类型的东西，但 Qt 具有优良的跨平台特性、面向对象、丰富的 API、大量的开发文档等优点。它包含一个类库和用于跨平台开发及国际化的工具。Qt API 在所有支持的平台上都是相同的，Qt 工具在这些平台上的使用方式也一致，因而 Qt 应用的开发和部署与平台无关，深受嵌入式开发者的喜欢。Qt 的操作一般包括：

(1) 安装虚拟机，如 VMware Workstation 7.0.1。

(2) 安装系统，如 ubuntu-9.10-desktop-i386.iso。

(3) 升级 ubuntu 系统。

(4) 汉化系统，可能安装过程中语言设置不成功，需要更新所使用的语言。

(5) 增加拼音输入法。

(6) 设置共享文件夹。

(7) 安装 Qt 软件，如为了连接 MySQL 数据库，需要安装连接 MySQL 的驱动程序；需要画一些数据曲线和统计图表等。

(8) 安装 g++，保证网络正常连接。

(9) 根据情况安装移植 TSLIB(友善的不需要)；安装交叉编译器；设置环境变量；运行脚本。

(10) Qt 4.7 移植到 ARM 板之友善 6410，首先安装交叉编译器；然后安装 Qt 4.7；最后，在 mini 6410 上部署 Qt 4.7。

(11) PC 版本的 Qt 编译为 ARM 版本，即将共享文件夹中的工程文件拷贝到系统文件夹中，如/home/xh/xh。

(12) 在 ARM 板上运行自己编写的 Qt 4.7 程序。

(13) 将自己的 Qt 4.7 程序设为开机自启动。

(14) 设置 NFS。

(15) Qt 字库的移植。

(16) Qt 控制屏幕校准。

(17) 切换 root 用户及 root 用户自动登录。

(18) 数据库浏览器安装，在 ubuntu 软件中心选择 SQLite 数据库浏览器安装即可。

(19) 虚拟机串口设置，在虚拟机关闭状态，添加设备。

(20) 字库移植。

2.3.5 MiniGUI

MiniGUI 是一款面向嵌入式系统的高级窗口系统(Windowing System)和图形用户界面(Graphical User Interface，GUI)支持系统，由魏永明先生于 1998 年底开始开发。2002 年，魏永明先生创建北京飞漫软件技术有限公司，为 MiniGUI 提供商业技术支持，同时也继续提供开源版本，飞漫软件是中国地区为开源社区贡献代码最多的软件企业。最后一个采用 GPL 授权的 MiniGUI 版本是 1.6.10，从 MiniGUI 2.0.4 开始，MiniGUI 被重写并使用商业授权。

历经十余年时间，MiniGUI 已经成为性能优良、功能丰富的跨操作系统嵌入式图形用户界面支持系统，支持 Linux/uClinux，eCos，μC/OS-II，VxWorks，ThreadX，Nucleus，pSOS，OSE 等操作系统和数十种 SoC 芯片，已验证的硬件平台包括 ARM-based SoCs，MIPS based SoCs，IA-based SoCs，PowerPC，M68K(DragonBall /ColdFire)，Intel x86 等，广泛应用于通信、医疗、工业控制、电力、机顶盒、多媒体终端等领域。使用 MiniGUI 成功开发产品的企业有华为、中兴通信、大唐移动、长虹、TCL、联想、迈瑞、南瑞、炬力、D2 等。这些用户广泛分部在中国大陆、中国台湾、新加坡、韩国、美国、德国、意大利、印度、以色列等国家和地区。

值得一提的是，在中国自主开发的 3G 通信标准 TD-SCDMA 中，约有 60%获得入网许可证的 TD-SCDMA 手机使用 MiniGUI 作为其嵌入式图形平台，以支撑浏览器、可视电话等 3G 应用软件的运行，其中有联想 TD30t、海信 T68、中兴通信 U85 等大家熟悉的 TD 手机型号。

在 MiniGUI 的基础上，飞漫软件研发了 mDolphin(基于开源的浏览器核心 WebKit 的嵌入式浏览器，满分通过 Acid3 的基准测试)、mPeer(为使用 Java 技术的嵌入式设备提供高效的 J2SE AWT/Swing 实现支持)，并且开发了基于 Eclipse CDT 的可视化集成开发环境，为开发人员提供所见即所得(WYSIWYG)的界面设计环境。

2010 年，飞漫软件把最新版的 MiniGUI，mDolphin，mPeer，mStudio 等系统整合在一起，推出了合璧操作系统(HybridOS)解决方案，是一整套专为嵌入式设备打造的快速开发平台，集成了飞漫软件 10 年的嵌入式行业研发经验和众多成熟的产品，使众多的希望在嵌入式设备上做开发的中小型企业，摆脱了"不稳定的内核以及驱动程序""交叉编译工具链、基础函数库存在大量缺陷""不恰当的开源软件""高水平嵌入式开发工程师缺乏"等这些问题的困扰，从而能够在一个运行稳定、功能强大的小巧系统内核基础上，专注开发产品。合璧操作系统(HybridOS)采用新的商业授权模式，性价比颇高。

MiniGUI 为嵌入式 Linux 系统提供了完整的图形系统支持，是全球针对嵌入式 Linux 仅有的两个商用嵌入式 GUI 系统之一。MiniGUI 为嵌入式 Linux 系统提供了完整的多进程支持；可以 MiniGUI-Processes，MiniGUI-Threads 或者 MiniGUI-Standalone 三种运行模式运行。

和其他针对嵌入式产品的图形系统相比，MiniGUI 在对系统的需求上具有如下几大优势：

(1) 可伸缩性强。MiniGUI 丰富的功能和可配置特性，使得它既可运行于 CPU 主频只有 60 MHz 的低端产品中，亦可运行于高端嵌入式设备中，并使用 MiniGUI 的高级控件风格及皮肤界面等技术，创建华丽的用户界面。MiniGUI 的跨操作系统特性，使得 MiniGUI

可运行在最简单的嵌入式操作系统之上，如 μC/OS-Ⅱ，也可以运行在具有现代操作系统特性的嵌入式操作系统之上，如 Linux，而且 MiniGUI 为嵌入式 Linux 系统提供了完整的多窗口图形环境。这些特性，使得 MiniGUI 具有非常强的可伸缩性。可伸缩性是 MiniGUI 从设计之初就考虑且不断完善而来的。这个特性使得 MiniGUI 可应用于简单的行业终端，也可应用于复杂的消费类电子产品。

(2) 轻型、占用资源少。MiniGUI 是一个定位于轻量级的嵌入式图形库，对系统资源的需求完全考虑到了嵌入式设备的硬件情况，如 MiniGUI 库所占的空间最小可以裁剪到 500 K 左右，对目前的嵌入式设备来说，满足这一条件是绰绰有余的。此外，测试结果表明，MiniGUI 能够在 CPU 主频为 30 MHz，仅有 4M RAM 的系统上正常运行(使用 μClinux 操作系统)，这是其他针对嵌入式产品的图形系统所无法达到的。

(3) 高性能、高可靠性。MiniGUI 良好的体系结构及优化的图形接口，可确保最快的图形绘制速度。在设计之初，就充分考虑到了实时嵌入式系统的特点，针对多窗口环境下的图形绘制开展了大量的研究及开发，优化了 MiniGUI 的图形绘制性能及资源占用。MiniGUI 在大量实际系统中的应用，尤其在工业控制系统的应用，证明 MiniGUI 具有非常好的性能。从 1999 年 MiniGUI 的第一个版本发布以来，就有许多产品和项目使用 MiniGUI，MiniGUI 也不断从这些产品或者项目当中获得发展动力和新的技术需求，逐渐提高了自身的可靠性和健壮性。有关 MiniGUI 的最新成功案例，用户可以访问飞漫公司网站的典型案例部分。

(4) 可配置性。为满足嵌入式系统各种各样的需求，必须要求 GUI 系统是可配置的。和 Linux 内核类似，MiniGUI 也实现了大量的编译配置选项，通过这些选项可指定 MiniGUI 库中包括哪些功能而同时不包括哪些功能。

2.3.6　IAR

IAR System 是全球领先的嵌入式系统开发工具和服务的供应商。公司成立于 1983 年，提供的产品和服务涉及嵌入式系统的设计、开发和测试的每一个阶段，包括：带有 C/C++ 编译器和调试器的集成开发环境(IDE)、实时操作系统和中间件、开发套件、硬件仿真器以及状态机建模工具。

公司总部在北欧的瑞典，在美国、日本、英国、德国、比利时、巴西和中国设有分公司。它最著名的产品是 C 编译器——IAR Embedded Workbench，支持众多知名半导体公司的微处理器。许多全球著名的公司都在使用 IAR SYSTEMS 提供的开发工具，用以开发他们的前沿产品，从消费电子、工业控制、汽车应用、医疗、航空航天到手机应用系统……

2003 年 6 月，IAR Systems 在中国成立办事处；2007 年 5 月，成立爱亚软件技术咨询(上海)有限公司，以加强对中国以及部分东亚国家的产品销售和技术支持。

2.3.7　Android

Android 是一款基于 Linux 内核开源的操作系统，主要应用于移动终端。2007 年，谷歌将其推向市场。由于其开源性质，世界各地组成了各种的开源社区和开源论坛来学习、开发和研究 Android 程序，现在 Android 市场的 Android 应用基本可以涉及生活的方方面面。

Android 已在全球各地获得大量的支持者。根据国际数据公司(IDC)公布的数据，在 2013 年第一季度，Android 的市场占有率为 75%。

本节介绍 Android 操作系统的相关理论知识，主要包括系统的基本架构以及 SQLite 数据库、WiFi 通信等核心应用。

1. Android 系统架构

Android 系统的架构，由上而下分别是应用程序层(Application)、应用程序框架层(Application Framework)、核心类库层(Libraries)、Android 运行时环境层(Android Runtime)和 Linux 内核层(Linux Kernel)，具体架构如图 2.16 所示。

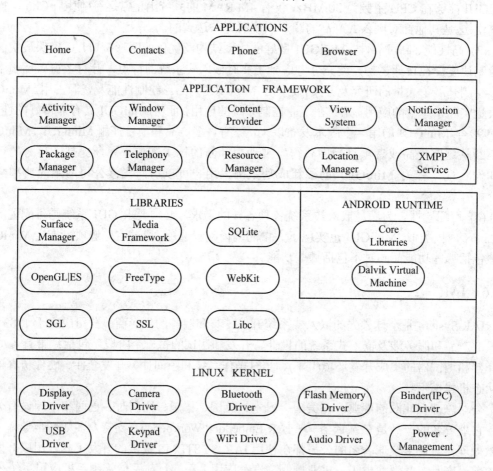

图 2.16 Android 系统的框架

(1) 应用程序层。用 Java 编写的应用程序，是谷歌在最开始就绑定在系统中的作为手机必须拥有的应用程序。其主要包括电话、通信录、短信和浏览器等。开发者可以通过该层提供的接口或者通过 JNI 来扩展应用或者自己编写原生的应用程序。

(2) 应用程序框架层。该层提供了大量的 API 供开发者使用。当开发 Android 应用程序时，就是面向底层的应用程序框架进行的。在应用程序遵循该层的安全性的前提下，就可以重复应用该层提供的任何已发布的模块。

(3) 核心类库层。Android 包含一套被不同组件所使用的 C/C++ 库的集合。一般来说，

Android 应用开发者不能直接调用这套库，但可以通过它上面的应用程序框架来调用这些库。下面介绍一些本文用到的核心库：

① 系统 C 库：一个从 BSD 系统派生出来的标准 C 系统库，并且专门为嵌入式 Linux 设备调整过。

② SQLite：一个轻量级的关系数据库，供所有应用程序使用。

(4) Android 运行时环境层。Android 运行时包括两个部分，Android 核心库和 Dalvik 虚拟机。其中核心库提供了 Java 语言核心库所能使用的绝大部分功能，而虚拟机则负责运行 Android 应用程序。

(5) Linux 内核层。Android 是建立在 Linux 2.6 内核(Android 4.0 已经更新到 Linux 3.0 内核，早期版本应用的是 Linux 2.6 内核)基础之上的，该内核提供了安全性、内存管理、进程管理、网络协议栈和驱动模型等技术，但为了更符合其商业用途和目的，Android 系统在内存分配与共享、低内存管理器和日志设备等方面进行了功能改进。除此之外，Linux 内核也是系统硬件和软件叠层之间的抽象层。

2. Android 的开发组件

Android 有四大组件，分别是 Activity(当前运行的活动)、ContentProvider(内容提供者)、Service(服务)和 BroadcastReceiver(广播接收器)。Activity 为应用程序提供一个可视化的用户界面，里面包含有 View 组件，可以添加一些控件，用来与用户进行交互。每个 Activity 都可以通过继承系统的 Activity 来实现自己特有的某些功能；ContentProvider 能够提供统一的数据访问方式，无论数据资源以什么形式存储在什么地方，应用程序都可以通过一套标准的接口给其他应用程序提供获取、操作数据的访问方式；BroadcastReceiver 是用来过滤接收并响应应用发送的 Broadcast 的一类组件。在 Android 中，Broadcast 是一种用来在应用程序之间传输信息的机制；Service 与 Activity 组件不同，它没有用户界面，可长时间在后台运行。当应用程序退出时，只要 Service 进程没有结束，Service 仍可在后台运行。在本系统中主要应用到的是 Activity 组件，下面主要了解 Activity 组件。

每个 Activity 都有自己生命周期，归结起来 Activity 的状态共有四个，分别是活动状态：此时，Activity 将处于前台，用户可以看到该 Activity，并可以操作；暂停状态：该 Activity 仍位于前台，但不可操作，它可能会被一些对话框等遮盖；停止状态：该 Activity 不可见，被其他 Activity 覆盖；消亡状态：该 Activity 被回收或结束。Activity 的生命周期图如图 2.17 所示。

3. Android 的 SQLite 数据库

SQLite，主要应用于嵌入式系统。由于它的体积小，操作简便，苹果公司的 iOS 和谷歌公司的 Android 操作系统都内置了 SQLite。虽然 SQLite 支持绝大部分 SQL92 语法，也允许开发者使用 SQL 语句操作数据库中的数据，但 SQLite 并不像 Orcale、MySQL 数据库那样需要安装、启动服务进程，SQLite 数据库只是一个文件。因为 Android 内部集成了 SQLite 数据库，因此开发者可以很方便地使用它。在 Android 中可以通过以下语句完成数据库的创建：

```
String sql = "CREATE TABLE IF NOT EXISTS info("
    + "id integer primary key autoincrement,date varchar(64),"
```

```
+ "tem int,humi int,lig int)";
try{
        db.execSQL(sql);    //完成数据库的创建
}catch(Exception e){
}
```

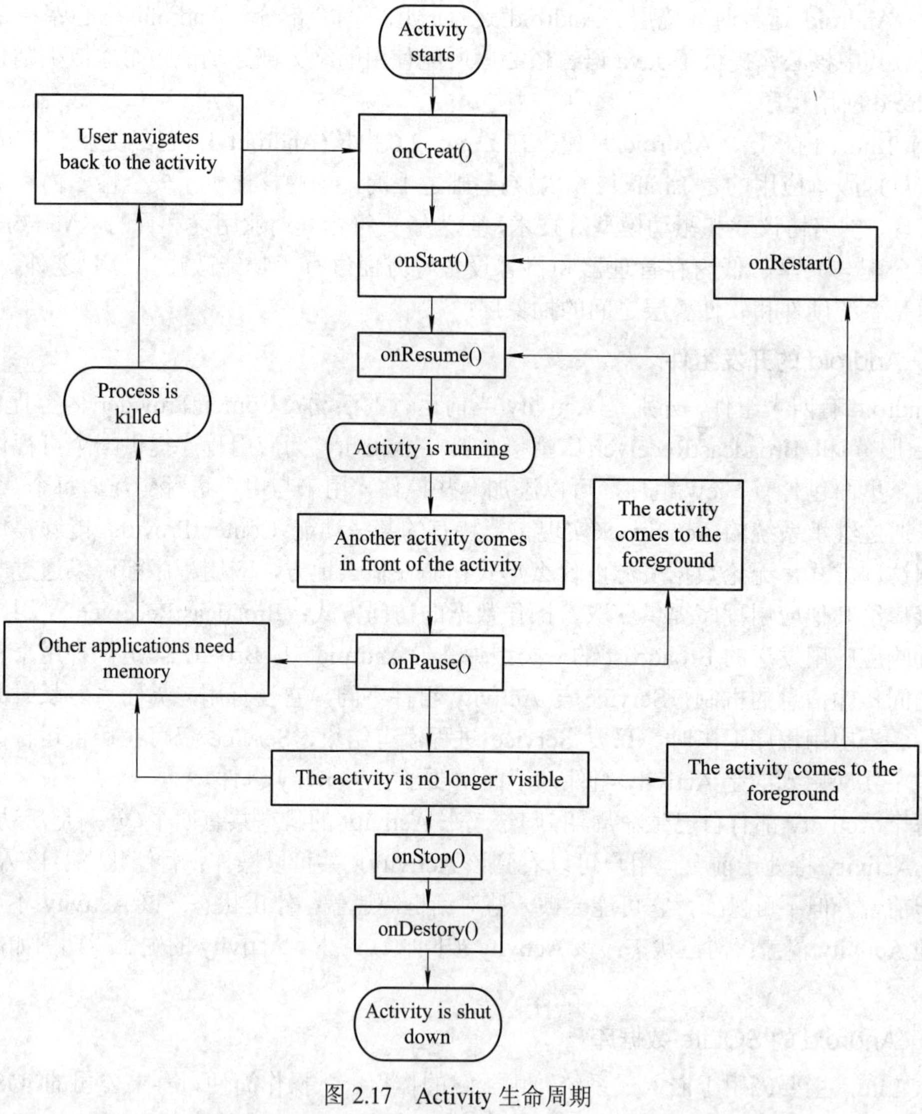

图 2.17 Activity 生命周期

db.execSQL( )，还可以用来向数据库插入数据。execSQL(String sql,Object[ ]bindArgs)第一个参数是 SQL 语句，第二个参数是要插入的数据。delete (String table,String whereClause, String[ ] whereArgs)可以用来删除数据库中的数据，比如 db.delete("info"，"id >= ?"，new String[ ]{String.valueOf(sdata.id)})可以删除数据库中 id 号大于 sdata.id 的数据。

SQLite 采用了模块化结构，其内部结构如图 2.18 所示，主要由接口(Interface)、虚拟机 (Virtual Machine)、编译器(SQL Compiler)和后端(Backend)组成。

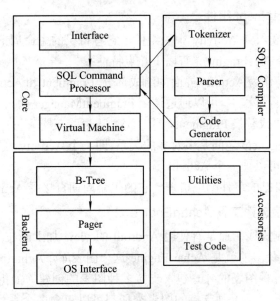

图 2.18 SQLite 结构图

4. Android 的 WiFi 通信技术

Android 的 WiFi 系统引入了 wpa_supplicant，它的整个 WiFi 系统以 wpa_supplicant 为核心来定义上层用户接口和下层驱动接口。Android 的 WiFi 结构如图 2.19 所示。

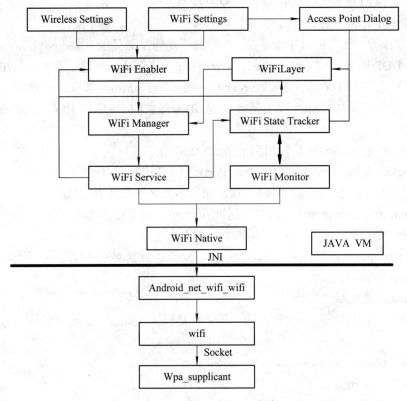

图 2.19 Android 的 WiFi 框架

5. Android 的 Fragment 组件

Fragment 是一种嵌入到 Activity 中的组件，它有自己的生命周期，但同时，它的生命周期受到 Activity 的控制。Fragment 有以下几点特性：

(1) Fragment 总是作为 Activity 界面的组成部分。Fragment 和 Activity 之间可相互调用。

(2) 在 Activity 运行过程中，可以通过调用 FragmentManager 的 add()、remove()、replace() 方法动态地添加、删除或替换 Fragment。

(3) Activity 和 Fragment 之间是多对多的关系。即一个 Activity 可以组合多个 Fragment，同时一个 Fragment 也可以被多个 Activity 调用。

(4) Fragment 有自己的事件响应机理。它的生命周期直接受 Activity 控制。

6. Android 的图表创建工具 AchartEngine

在 Android 上绘制折线图通常有使用 Android 的 view 加上画布(Canvas)工具和图表库 AchartEngine，而使用最多的就是 AchartEngine 这个图表库。AchartEngine 是一个 Android 系统上专门用来制作各种图表的 jar 包，支持多种图表的创建，如折线图、面积图、范围 (高-低)条形图、饼图等，且每种支持的图表类型都可以包含多个系列，都支持水平(默认) 或垂直方式展示图表，并且支持许多其他的自定义功能。所有图表都可以建立为一个 view，也可以建立为一个用于启动 Activity 的 intent。该模型和绘图过程的代码进行了很好优化处理，它可以处理和显示值的数量非常大。

7. Android 的 Socket 通信和 Android 的线程

1) Android 的 Socket 通信

Android 作为一款智能机操作系统，网络通信功能是必须的。Android 完全支持 JDK 本身的 TCP、UDP 网络通信 API，可使用 ServerSocket、Socket 来建立基于 TCP/IP 协议的网络通信；也可以使用 DatagramSocket、Datagrampacket、MulticastSocket 来建立基于 UDP 协议的网络通信。同时，Android 也完全支持 JDK 提供的 URL、URLConnection 等网络通信 API。

本节选择的是 Socket 通信，用到的函数介绍如下：

(1) Socket(String remoteAddress,int Port)：创建连接到指定远程主机、远程端口的 Socket。当没有指定地址和端口号时，默认使用本地主机默认 IP 地址。

(2) InputStream getInputStream( )：返回 Socket 的对象对应的输入流，让程序通过该输入流从 Socket 中取出数据。

(3) OutputStream getOutputStream( )：返回 Socket 对象对应的输出流，让程序通过该输出流向 Socket 中输出数据。

2) Android 的线程

Android 开启新的线程有两种方法。第一种是直接扩展 java.lang.Thread 类，程序结构如下：

```
Thread thread = new Thread(new Runnable( ){
        @override
        Public void run( ){
```

```
    //写自己的程序
    }
});
Thread.start( );
```

第二种是实现 Runnable 接口。程序结构如下：

```
Public class xxx implements Runnable{
Public void onCreate(Bundle saveInstanceState){
…//写自己的程序
Thread thread = new Thread(this);
Thread.start( );
}
Public void run( ){
    …//写自己的程序
}
}
```

　　上位机平台一般是在 PC 平台上，即 Windows 编程，制作出来的上位机可以在 Windows 系统上面稳定运行，而且相应的技术理论已经很丰富，制作上位机也比较简单，但是，将上位机安装在 PC 平台上不方便移动，且在 PC 平台上由于没有丰富的无线接口模块，需要自己购买，性价比并不是很高。相比之下，Android 由于其开源性，且主要用于移动终端，在全世界范围内得到了快速的发展。同时，移动终端本身带有 WiFi、蓝牙和 NFC 等无线通信模块，因此可以和无线网络很好地结合在一起。目前，移动物联网终端开发一般选择使用 Android 平台的移动设备作为上位机平台。

2.4　嵌入式系统开发

　　当前无论是消费类电子还是蓬勃发展的物联网产业及云技术的推广应用都与嵌入式技术密切相关。嵌入式技术已经覆盖到现代科技的方方面面，技术的普及使得社会生活愈加智能化。对于企业，项目的研发来自于市场的实际需求或企业对于技术未来趋势的把握投资。基于操作系统的嵌入式项目研发过程包括从项目的论证到系统架构的设计再到具体的研发实现，最后对项目进行测试验证整个流程，另外，还需根据实际的测试或用户的反馈对系统做进一步的优化升级，研发流程一般如图 2.20 所示。

　　当前信息科技向着集成化、智能化方向发展，对嵌入式系统软件的开发，一般分为底层开发和应用层的开发，底层开发由于涉及系统内核及具体的硬件资源，相对复杂，要求研发人员对嵌入式及操作系统有深入的了解掌握，应用层的开发主要是在用户空间直接调用底层封装好的 API 函数进行系统的管理开发等，嵌入式软件的开发一般如图 2.21 所示。

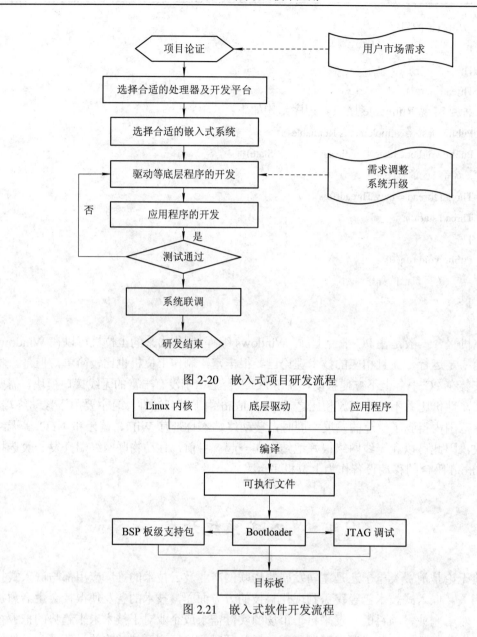

图 2-20 嵌入式项目研发流程

图 2.21 嵌入式软件开发流程

思 考 题

1. 目前主流的嵌入式系统有哪些？试分析它们的特点。
2. 简述嵌入式系统组成、工作原理、开发环境及其界面应用。

第 3 章　车载物联网嵌入式监控系统

3.1　系统基本需求

为了对嵌入式系统的开发有整体了解，下面以车载监控系统的开发为例，详细讲解嵌入式物联网的技术及其应用。该系统具有如下需求：

高清 TFT 液晶数字屏，800×480 分辨率，高透光率触摸屏，人性化的操作界面；ARM 操作系统采用 Linux 2.6 操作系统；GPS 智能语音导航；DVD 播放兼容碟片 DVD、VCD、DataMP3、CD、Data(MPEG)；支持内置 2.5 英寸 SATA 硬盘，硬盘容量 20 GB～500 GB 以上；支持 FAT 和 NTFS 文件系统；硬盘播放：支持 RM、RMVB 电影格式直接播放，也支持 AVI/MPEG1/MPEG2/MPEG4/JPEG 等格式，音频播放：支持 WMA/MP3 等格式；系统软件智能升级(ARM 系统利用 SD 卡口升级程序，MCU 利用板上连出 USB 功能一样的 4 线插座或接头升级程序，由于 DVD 和 AML8613 的程序较成熟，故暂不留升级用接口)；支持文件过滤功能；一个 USB 2.0 接口(通过转换可连接 AML8613 或硬盘)；一个 SD 卡口：连到面板的 ARM 系统(给 GPS 电子地图用，也可用作 ARM 系统升级，或将文件复制到 ARM 系统的 Flash 里，SD 卡里的音频文件也可通过 ARM 系统和 WM8987 解码播放等，对于 AML8613 暂不接 SD 卡)；电视制式：支持 PAL/NTSC；模拟音频输出：立体声音频输出；菜单语言：中英文；视频输出接口：2 路 CVBS 视频输出；支持硬盘和 USB 之间的拷贝，SD 卡与 ARM 系统自带的 Flash 拷贝；支持开机自动播放、断电记忆播放、选时播放；FM/AM 收音功能(数字调谐)；4×40W 功放输出；待机低功耗；良好的抗震功能；支持双话筒接入功能(后置)；带遥控功能；电源：24 V、12 V 通用；蓝牙功能；1 路视频输入倒车监控；实时时钟，指南针功能等。

系统接口包括：① 4 路功放输出；② 1 路倒车后视输入；③ 2 路复合视频输出；④ 左、右声道各 1 路输出；⑤ GPS 天线输入；⑥ 收音天线；⑦ 一个 USB 接口(注：MCU 升级头，另外引出不占用 USB 口，命名为 USB-2)；⑧ 一个 SD 卡接口；⑨ 汽车功能线；⑩ 电源；⑪ 双话筒接入。

将整个系统按功能架构拆分成主板、核心板和面板三大部分。其中，核心板是围绕 TMS320DM6467T 设计的工作电路及一些关键组件；面板的核心是液晶屏的驱动显示，是整合了蓝牙、USB 接口等的组件；其余的包括电源管理、功放、音/视频通道切换及收音机等功能组件构成了主板。系统各组成部分相互之间通过排线连接，实现的功能有实时监控、行驶记录、GPS 导航、车载娱乐、车载蓝牙、车辆防盗、胎温胎压、倒车雷达等。其中 GPS 导航、车载蓝牙采用相关厂家提供的模块来实现，系统中通过串口来对其进行操作控制。整个系统的方案结构框图如图 3.1 所示。

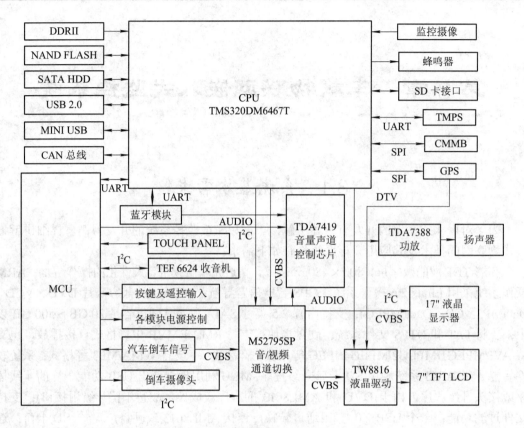

图 3.1 智能车载监控系统方案结构框图

3.2 核心嵌入式控制器选型

3.2.1 芯片分类及特点

1. 分类

TI 推出的达芬奇数字媒体处理器系列产品包括仅针对 ARM9 的低成本解决方案到基于数字信号处理器(DSP)的全功能 SoC。可升级的达芬奇处理器系列针对视频编码和解码应用进行了优化，包含了多媒体编解码器、加速器、外设和框架等。其处理器系列有：

(1) TMS320DM644x 系列是基于 ARM926 处理器与 TMS320C64x+ DSP 内核的高集成度 SoC。这一系列处理器适用于视频电话、车载信息娱乐以及 IP 机顶盒(STB)等应用和终端设备。

(2) TMS320DM643x 系列是基于 TMS320 C64x+ DSP 内核的 SoC，这一系列处理器是低成本应用领域的最佳解决方案，适用于车道偏离、防碰撞系统等车载市场应用、机器视觉系统、机器人技术和视频安全监控系统等。

(3) TMS320DM647/TMS320DM648 专门针对多通道视频安全监控与基础局端应用进行了优化，这些应用包括数码摄像机(DVR)、IP 视频服务器、机器视觉系统以及高性能影像应用等。

　　TMS320 DM647 和 TMS320 DM648 数字媒体处理器具有全面可编程性，能够为要求极严格的流媒体应用提供业界领先的性能。

　　(4) TMS320DM6467 是为了实时多格式高清视频而推出的，集成了 ARM926EJ-S 内核、TMS320 C64x+ DSP 内核，并包含高清视频/影像协处理器(HD-VICP)、视频数据转换引擎与目标视频接口等，适用于企业及个人市场的媒体网关、多点控制单元、数字媒体适配器、数字视频服务器以及安全监控市场记录器与 IP 机顶盒等应用。

　　(5) TMS320DM335 包括集成的视频处理子系统以及 ARM926 处理器，专门针对可视通用遥控控制、因特网无线电广播、电子书籍、可视门铃以及数码望远镜等终端设备进行了优化。TMS320 DM335 处理器是一款低成本的低功耗处理器，能为不要求视频压缩与解压缩的显示应用提供高级图形用户界面。

　　达芬奇全系列的处理器基本涵盖了音/视频应用领域的各个方面，针对不同的应用场景，开发人员可以选择最适合的处理器进行开发。

2．特点

　　达芬奇数字媒体片上系统包含 ARM 子系统、DSP 子系统、视频处理子系统(VPSS)和系统控制模块等多个功能部分；另外，包括电源管理、外部存储器接口、外围控制模块和交换中心(SCR)等部件；内部集成了为加速数字视频开发所专门设计的协处理器引擎。其软件平台可分为多任务的编解码器(CODEC)及其引擎远程服务器。构成的信号处理层一方面通过 API 与应用层连接，另一方面通过 DSP/BIOS 与底层内核沟通。达芬奇技术所提供的开放式开发平台通过开发集成环境可以支持多种底层操作系统(如 Linux、Windows CE)和扩展更多的应用程序。除达芬奇技术是专门针对数字音/视频处理而推出的这一明显优势外，与传统的开发相比，它具有很多其他方面的优势。

1) 完备的技术组成

　　达芬奇技术主要由芯片、软件、开发工具套件和技术支持 4 个部分组成，其组成框架如图 3.2 所示。达芬奇技术有一套完备的技术组成，包括进行软件开发的工具、与各种软件开发相关的资源、配套的芯片和全面的技术支持，为开发人员进行达芬奇技术研究提供了保障。

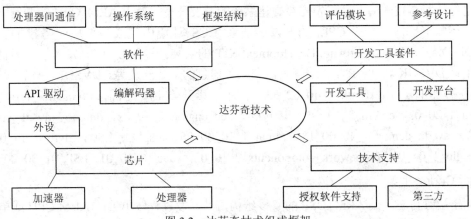

图 3.2　达芬奇技术组成框架

2) 丰富的应用编程接口

达芬奇技术集成的主要功能之一就是提供了丰富的应用编程接口(Application Programming Interface，API)，使研发人员可以集中精力去关注应用的开发，而不必在开发的细节上耗费太多精力。API 函数屏蔽了处理函数机制的复杂性，大幅度提高了代码在不同平台间过渡的平滑性。开发人员利用 API 在开发相关产品时不需要像传统开发那样，当产品功能变更或替换产品开发平台时需重构全部程序代码，而只需更改几个 API 函数调用即可。总之，API 的应用将系统实际的硬件实现细节从具体的应用中分离出来，当技术变更时，比如，新的音/视频标准的修订，开发人员只需拿到最新的 CODEC 便可以快速进行开发运用。

3) 嵌入式操作系统的支持

达芬奇开发平台技术目前支持 Windows CE 和 Monta Vista 专业版的 Linux。实际系统运行时，要经常访问 Flash、MMC、ATA 以及其他外设，处理用户进行文件操作、响应用户的输入等其他与用户的交互操作，这些功能的细节实现比较复杂，都是由底层的驱动程序来完成的，修改驱动程序对开发人员有较高要求且周期长。操作系统则屏蔽了这些底层的细节，应用程序开发者直接使用操作系统封装好的应用层接口，便可以方便地进行各种资源的调用处理。

4) 编程的灵活性

编程的灵活性同样是达芬奇技术的特色。达芬奇系列处理器一般都是双核架构，具体开发时分工不同，可以分为算法工程师、编解码服务器集成工程师、编解码引擎集成工程师和应用程序创建者 4 类开发人员，相互之间的分工可以使得效率大为提升。比如，ARM端的应用程序创建人员编写应用程序，并不需要对 DSP 编程，只需通过 API 函数访问已经编好的 DSP 代码即可。编程的灵活性也使得产品升级更新变得更加方便。

TI 公司为达芬奇技术的开发提供了完整的达芬奇平台框架，达芬奇平台框架完成了很大一部分工作，一般研发人员主要是进行应用系统设计和编解码算法研发封装。对于技术的支持，TI 提供了丰富的参考资料，便于达芬奇技术的学习。

3.2.2 基于达芬奇技术的嵌入式系统开发

进行达芬奇技术的开发首先需要构建系统的开发环境。对于 ARM CPU 的开发一般在 Linux 环境下完成，DSP CPU 的开发一般在 CCS 环境中完成。环境的搭建主要包括 DVSDK(Diagital Video Software Development KIT)的安装；设置 Build 开发环境；为目标机重新编译 DVSDK 软件；RTSC 编解码器和服务器包的下载安装等。DVSDK 中包含开发相关的各种组件，以 dvsdk_1_40_02_33 为例，其开发包中包括：biosutils_1_01_00，cg_xml_1_20_03，cmem_2_10，ceutils 1_04，dec_engine_2_10_02，dm6467_dvsdk_combos_1_17，dvsdk_demos_1_40_00_18，dmai_1_10_00_06，dsplink_1.50，dvtb_2_14_000，edma3_lld_1_04_00，framework_components_2_10_02，xdais_6_10_01，PSP_01_30_00_082。

1. Codec 框架

由于达芬奇芯片是 ARM+DSP 的双核结构，其开发过程较单独的 ARM CPU 或单独的 DSP CPU 开发有所不同。工程师如果只是专注于 Codec 算法的开发或在嵌入式操作系统上开发应用程序，则需要理解 Codec 框架。Codec 框架如图 3.3 所示，框架包括 Codec Engine 和 Codec Server 两个部分，并提供丰富的应用程序的 API 函数接口、系统程序接口 SPI 以及中间件等，另外还包括算法组件生成器。Codec Engine 把 DSP CPU 端封装起来，是介于应用层(ARM 侧的应用程序)和信号处理层(DSP 侧的算法)之间的软件模块。开发人员开发应用程序时，通过调用 Codec Engine 的 VISA (Video，Image，Speech，Audio)API 来实现具体的功能。

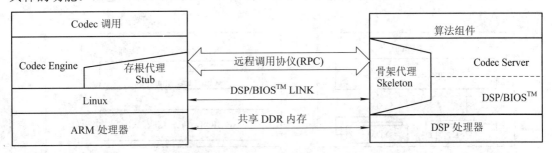

图 3.3　Codec 框架

2．达芬奇软件系统分层

在具体的软件开发中，数字多媒体系统的软件系统分为应用层、信号处理层和 I/O 层三部分，如图 3.4 所示，这是 TI 提供的参考软件框架。达芬奇技术的应用工程师在用户空间应用层添加和发挥自己的设计；信号处理层则通常是 DSP 负责信号的处理，包括编解码算法、编解码器引擎、DSP/BIOS 及处理器之间的通信；I/O 层即 Kernel 内核空间，外设的一些驱动及端口的控制操作均在此实现。达芬奇系统在底层以通用嵌入式实时操作系统为基础，通过构建达芬奇框架结构来协调各部分工作流程，并对数字视频 VISA 类的软件提供相应的应用程序接口，另外也对简单外设软件接口提供应用程序接口，即 EPSI API。

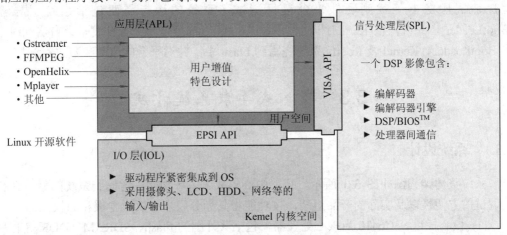

图 3.4　达芬奇软件系统结构

3．达芬奇软件开发角色划分

对于达芬奇软件系统中包含的应用层、I/O 层和信号处理层三部分，通常开发时由三组人员负责，另外，还需要一个系统集成工程师把这三部分集成起来。VISA API 和 EPSI API

的运用，大大简化了系统集成的复杂程度。达芬奇软件的开发步骤及分工如图 3.5 所示。开发人员的角色一般分 4 类，进行算法研发封装的算法工程师将生成的 xDAIS 算法打包成 *.a64 格式交给编解码服务器集成工程师，服务器集成工程师配置 DSP/BIOS 及相关组件，将接收的 Codec 包生成相关服务器配置文件，最终得到 DSP 的可执行程序交给引擎集成工程师，引擎集成工程师定义各种引擎配置生成 Codec 服务器匹配的 Engine 配置文件*.cfg 交给应用程序创建者，应用程序创建者使用 API 函数来编写应用程序，建立具体的 Engine 实例任务。

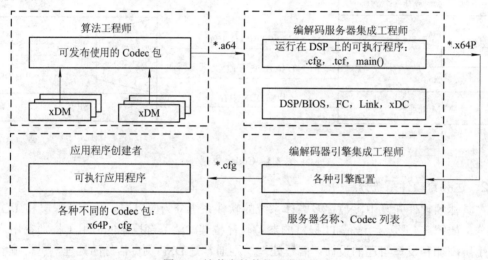

图 3.5　达芬奇软件的开发及分工

　　程序编写完成，需在开发平台上进行软件的编译调试，运行在 DSP 端的算法是基于 DSP/BIOS 实现的，需要一个.tcf 文件来配置 DSP/BIOS 内核。运行于 Linux 上的程序在进行调试时，一般采用 NFS 等网络通信方式共享 Linux 服务器中的资源，然后将调试稳定的程序脱离服务器下载到硬件平台运行测试。系统的运行需要包括系统引导程序 (BootLoader)、系统内核(Kernel)和文件系统(Rootfs)三部分，当配置开发平台自启动时，需将 BootLoader、Kernel 及 Rootfs 系统烧写到 Flash 中，并对平台的启动参数进行配置。

3.3　嵌入式车载系统开发

3.3.1　系统设计

　　系统整体架构图如图 3.6 所示。智能中心集成了多种功能，考虑到系统的稳定性和开发调试的方便性以及实际的产品组装，按功能将其划分为核心板、主板和面板三部分。

　　(1) 核心板以 S3C6410 为核心处理器，包括其外围的 Flash、SDRAM、DDR 等芯片电路，主要完成系统用户界面的底层开发、相关硬件芯片(如 LCD 驱动芯片 TW8816)的驱动开发、GPS 及 Bluetooth 功能的实现和整个系统的协调处理，是整个系统的核心处理部分。

　　(2) 主板以 STM32F103 为核心，实现 AM/FM 收音机、音/视频通道切换、DVD 机芯控制、电源分配管理和硬盘媒体播放控制。

(3) 面板由 LCD 驱动电路、输入键盘、红外接收、USB 接口等组成，主要实现用户操作信息的交互和用户界面的显示等。

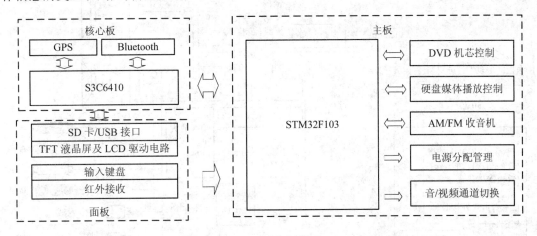

图 3.6　系统架构图

系统附件如图 3.7 所示。

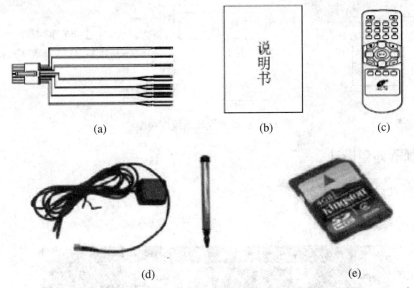

(a) 电源线；(b) 说明书；(c) 遥控器；(d) 摄像头电路+12 V，输出 CVBS 信号；(e) TF 卡，容量 4 GB

图 3.7　系统附件

3.3.2　系统连接图

整机的设计系统连接图如图 3.8 所示，虚线之右的部分是在播放机后面的引出线。

本机为直流 12 V/24 V 供电。任何线都不得短路或接地、搭铁(地线除外)；接口处应确保接牢固，而且必须套防火绝缘胶套。将本机与其他装置连接之前，必须关闭两者的电源开关。本机的输出音响有较宽的动态范围，因此接收器的音量要适中，否则扬声器会被骤然产生的大音量所损坏。在连接或中断本机的电源线之前，必须关闭放大器的电源开关。

如果放大器的电源开关打开，则可能损坏扬声器。

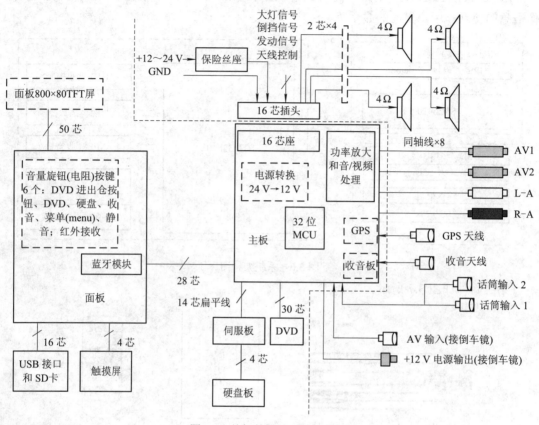

图 3.8　整机的设计系统连接图

3.3.3　控制器外观设计

控制器外观设计图如图 3.9 所示。

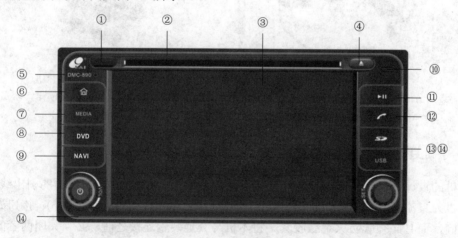

图 3.9　控制器外观设计图

图 3.9 中各指示的说明和功能介绍如表 3.1 所示。

表 3.1　指示的说明及功能介绍

指　示	说　　　明	功　　　能
①	遥控接收窗	内有遥控接收头的位置
②	DVD 碟片进/出窗	12 寸碟片进/出口
③	LCD 显示和触摸屏区域	
④	"进/出仓" 按键	DVD 机芯进仓和退仓按键
⑤	咪头位置	内有咪头
⑥	"上一个执行界面" 按键	上一个执行界面，最后返回到主界面
⑦	"MEDIA" 按键	进入硬盘播放器 CVBS 界面
⑧	"DVD" 按键	进入 DVD 播放器 CVBS 界面
⑨	"NAVI" 按键	GPS 导航界面
⑩	喇叭窗	内有喇叭，导航提示音等
⑪	"暂停/播放" 按键	PAUSE/PLAY
⑫	"蓝牙免提电话" 按键	进入到蓝牙免提电话界面
⑬	USB 接口和 TF 卡接口位置	盖板可以打开，后面是 USB 接口和 TF 卡接口，
⑭		TF 卡基本上是 GPS 用，可以用来升级地图等

3.4　系　统　实　现

3.4.1　硬件平台选择与实现

考虑到系统在车体中的实际运行环境和从企业角度对市场的把握了解，直接选用技术成熟的模块来实现系统的部分功能，以此来降低开发成本和周期，并可一定程度地提高系统稳定性。在本系统中，蓝牙、DVD 播放和 GPS 直接选用业界技术成熟的模块，通过相应的总线接口，按确定的传输协议进行数据的传输就可以方便地实现相应的控制操作。系统的其他部分可根据实际需求进行具体的芯片选型及相关软件的开发。系统选用多通道的音/视频切换芯片 M52795 实现系统中多路音/视频信号的通道切换；选用 GL850 实现 USB 接口的扩展等。此外，其他系统功能部分如收音机芯片、功放芯片等均根据需求分别选型。由于市场同类芯片多样，但功能操作实现相近，不必局限于单一型号来选型。

3.4.2　软件开发平台

嵌入式操作系统发展到目前已经有了很多分支，常见的有 Windows CE、Linux、µC/OS、FreeRTOS 等。由于 Linux 系统丰富的资料和其独特的开源优势及系统的稳定性，目前其应用范围已经覆盖到产业的方方面面，考虑到实际需求，选择 Linux 为系统的开发环境。在项目开发中考虑到操作界面的需求和团队掌握的技术水平，此项目选用 Qt 进行系统用户界面的设计开发。

3.4.3 系统信号流规划

系统集成功能的多样化使得数据信号传输也呈现多样化。由于各功能部分之间的数据传输涉及多种传输总线，因此在系统具体实施之前一定要有清晰的信号流规划，并明确具体的通信协议，以此来保障开发过程中数据接口的统一，并保证系统的协调完整性。系统信号规划流向图如图 3.10 所示。

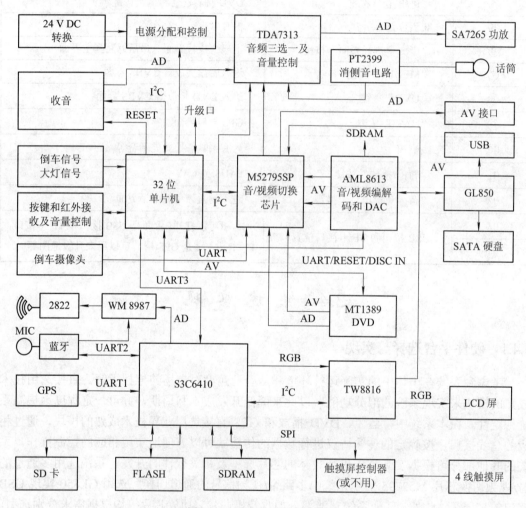

图 3.10 系统信号规划流向图

3.5 功 能 应 用

点击前面板的主界面按钮，或在任意模式下点击屏幕上的最小化按钮或关闭菜单，进入主界面，如图 3.11 所示。主界面上有 8 个图标，如 GPS、收音机、硬盘播放、DVD 播放、蓝牙电话、倒车监控、其他、设置。点击图标进入相应的应用程序。主界面上还显示年、月、日和时间数据。

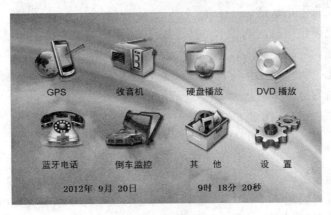

图 3.11　系统主界面

3.5.1　GPS 导航

　　GPS 天线可以被安装在汽车的内部，如安装在仪表台上；也可以安装在车辆外部，如车顶或后行李箱盖上。

　　GPS 天线必须有一个开阔的"视野"朝向天空。如果车辆的玻璃安装了防爆膜、隔热膜，则可能会大大削弱 GPS 天线接收卫星信号的强度。这种情形下，建议 GPS 天线安装在车辆的外部。当连接 GPS 天线时，应确认系统电源关闭。必要缩短或延长 GPS 天线，改变天线的长度会导致短路或天线故障。GPS 天线应尽量安装到一个水平面上，否则，可能影响导航的定位精度。切勿使 GPS 天线缠绕或干涉方向盘或变速杆，否则可能发生危险。GPS 功能操作：点击前面板的主界面按钮，或在任意模式下点击屏幕上的最小化按钮或关闭菜单，进入主界面。

3.5.2　蓝牙电话

　　在主界面中点击"蓝牙电话"图标进入蓝牙界面，如图 3.12 所示。

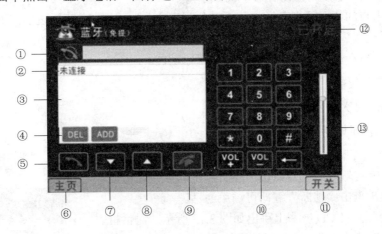

图 3.12　蓝牙界面

　　图 3.12 中各指示符含义如下：

①——拨号与来电指示区。

②——如果已绑定手机，则显示"已连接"；如果未绑定手机，则显示"未连接"。

③——电话薄，号码存储区。

④——"DEL"和"ADD"键，用于在电话薄内删除和记录号码。

⑤——"接听"键。

⑥——"主页"键，用于返回主页。

⑦——"下"键。

⑧——"上"键。可以用上、下键在电话薄内快速选择号码。

⑨——"挂断"键。

⑩——拨号盘，增加了"VOL+"键和"VOL-"键，用于调整免提电话的声音音量。

⑪——"开关"键，打开或关闭蓝牙免提功能，可以在右上角看到。

⑫——指示蓝牙功能是"已开启"还是"关闭"。

⑬——免提蓝牙音量指示。

1. 匹配蓝牙设备

使用车载蓝牙电话前需将手机蓝牙与车载专用机匹配。当手机蓝牙与车载专用机第一次匹配时，需按以下步骤进行操作：在蓝牙操作功能界面，点击"开关"按钮，设置车载蓝牙专用机为开启，等待手机蓝牙设备绑定。如果连上手机蓝牙设备，则在电话薄上端显示"已连接"。

2. 设置手机连接

(1) 打开手机设置菜单。

(2) 打开手机的蓝牙通信设置，启动蓝牙功能。

(3) 查找设备，选定设备名"HZ-CZ05"后进行连接(10 m 以内)。

(4) 输入专用机通行码(通行码为 1234)，完成连接。

注 ① 如果用户的蓝牙手机曾与专用机匹配，当再次启动蓝牙车载免提电话时，系统会自动连接蓝牙手机(启动前需开启手机蓝牙)。

② 如果用户的蓝牙手机已经在蓝牙设备列表中，则可直接在蓝牙设备列表中选择蓝牙手机后点击"连接"完成蓝牙连接。

③ 部分手机在更换电池后需重新启动蓝牙功能。

3. 断开蓝牙设备

用"开关"键关闭蓝牙。

4. 拨打和接听电话

若手机与车载蓝牙专用机已绑定，LCD 屏幕上会显示"已绑定"。拨打电话时使用蓝牙界面上的数字键输入号码后点击"接听"键即可接通电话。

当通话结束时，点击"挂断"键即可结束通话。

当来电时，会在 LCD 屏幕上跳出如图 3.13 所示的对话框。如果按"接听"键，就进入到蓝牙页面。点击"挂断"键结束通话。

图 3.13　来电显示

3.5.3　收音机

点击主界面上的"收音机"图标进入收音机界面，如图 3.14 所示。收音机有 AM、FM 两个波段。它有搜索电台、微调当前电台频率保存电台、重命名电台等功能。当切换到收音机播放状态时，系统会自动播放上一次关闭收音机时正在播放的电台。自动搜索电台结束后，程序自动更新并保存电台列表。

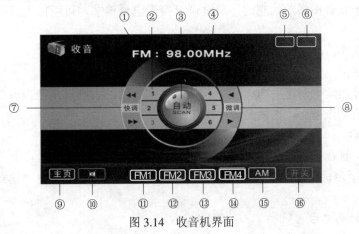

图 3.14　收音机界面

图 3.14 中各指示符含义如下：

①——波段指示，可以是"FM"，也可以是"AM"。

②—— "数字"键，"1""2""3""4""5""6"，6 个频率存储台，如果是某个台在工作，则那个台的数字变成蓝色。

③—— "自动 SCAN"键，自动搜索电台，并依次自动存进 6 个频率存储区。

④—— "98.0MHz"，频率指示。

⑤—— "最小化"按键，回到主页，收音机可以开着。

⑥—— "关闭"键，用于关闭收音机，并回到主页。

⑦—— "▶▶""◀◀"快速向上或快速向下搜索电台键。

⑧——向上或向下微调键，每按一次，FM 波段区变化 0.1 MHz，AM 波段区变化 9 kHz。

⑨—— "主页"键，按此键返回到主页。

⑩—— "静音"键，按一次静音，再按一次不静音。

⑪—— "FM1"键，FM 波段一区，可以存 6 个台，本机有 4 个 FM 波段区，共可存 24 个不同的台。

⑫—— "FM2"键。

⑬—— "FM3"键。

⑭—— "FM4"键。

⑮—— "AM"键。

⑯—— "开关"键，用于打开收音机或关断收音机。如果关断收音机，会直接退出收音机，回到主页。

1) 电台频率微调

当机器处于收音机播放状态时，通过调节微调键⑧，可以对选中的电台列表中的任一频率进行小范围调节。微调按钮长按每次增加 FM：0.1 MHz，AM：9 kHz。

完成微调操作后，用户长按 3 s 数字键，电台列表任一栏保存此电台，当存进时，数字键区会闪一下绿色。

注 在按过微调键后 30 s 内，长按数字键有效，否则只是把当前数字相应的电台调出来作为当前工作电台，也就是读台操作。

2) 手动搜台

当机器处于收音机播放状态时，通过调节搜索电台键⑦，可以向上或向下搜台，搜到台后停止。

完成搜台操作后，用户长按 3 s 数字键，电台列表任一栏保存此电台，当存进时，数字键区会闪一下绿色。

注 在按过搜索电台键后 30 s 内，长按数字键有效，否则只是把当前数字相应的电台调出来作为当前工作电台，也就是读台操作。

3) 自动搜台

当机器处于收音机播放状态时，按"自动 SCAN"键，自动搜索电台并存储到电台列表(当前区内 6 个台)。搜索到的电台默认名为"波段"＋"频率"。自动搜索电台后，电台列表被更新。

4) 读取存储的电台

当机器处于收音机播放状态时，点击"数字"键，调出相应数字键的电台为当前工作电台。

3.5.4 硬盘播放

在主界面点击"硬盘播放"图标进入硬盘播放界面。本系统支持硬盘播放菜单触摸屏操作。点击触摸屏后出现 OSD 界面，用户可依据 OSD 界面上的操作图标操作。

注 OSD 操作界面，如果不操作，10 s 后自动消隐。

播放界面叠加上的 OSD 界面如图 3.15 所示。

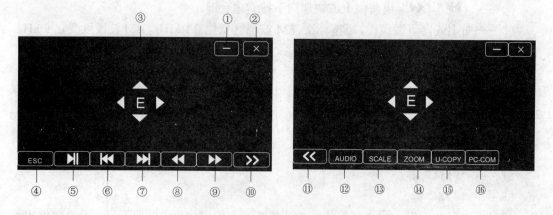

图 3.15 播放界面叠加上的 OSD 界面

其中各指示符含义如下：

①——"最小化"键。点击此键后，硬盘播放继续进行，但 LCD 显示已回到主页面。

②——"关闭"键。点击此键后，硬盘播放结束，LCD 显示已回到主页面。

③——这里有"(上)"、"(下)"、"(左)"、"(右)"、"E" 5 个按键，组合操作用于选择盘符、设置参数、选择文件等。

④——"ESC"键，与③中的"E"按键功能相应，执行返回上一级的功能。

⑤——"播放/暂停"键。点击此键暂停节目播放，再次点击该键恢复节目播放。

⑥——"上一章节"键。点击此键进入上一曲目、上一轨迹或上一场面接着播放。

⑦——"下一章节"键。点击此键进入下一曲目、下一轨迹或下一场面接着播放。

⑧——"快退"键。在播放过程中，连续点击此键以 ×2、×4 和 ×8 倍速快退。若播放的是影片，则快退时静音；若播放的是 MP3，则快退时不静音。当快退到想要的位置时，点击"播放"键接着播放。

⑨——"快进"键。在播放过程中，连续点击此键以 ×2、×4 和 ×8 倍速快进。若播放的是影片，则快进时静音；若播放的是 MP3，则快进时不静音。当快进到想要的位置时，点击"播放"键接着播放。

⑩——"后一个 OSD 菜单"键。点击此键后转到后一个 OSD 菜单。另一个页面及两个页面的转换用⑩和⑪键。

⑪——"前一个 OSD 菜单"键。点击此键后转到前一个 OSD 菜单。另一个页面及两个页面的转换用⑩和⑪键。

⑫——"AUDIO"键，用于音频选择。

⑬——"SCALE"键，用于图像选择，在"keep ratio/full screen/16:9 mode1/16:9 mode2/4:3 mode"之间转换。

⑭——"ZOOM"键，用于图像放大：2 倍→4 倍→8 倍→正常。

⑮——"U-COPY"键，用于播放机和外接 U 盘之间的文件拷贝。

⑯——"PC-COM"键，用于电脑和播放机的连接。

注　点击触摸屏出现 OSD 界面后，如无操作，10 s 后自动退出 OSD 的叠加界面。

1. 播放操作

(1) 进入到硬盘播放首页面后，点击触摸屏，出现 OSD 叠加首界面，如图 3.16 所示。

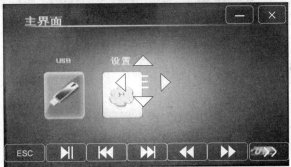

图 3.16　OSD 叠加首界面

(2) 用左、右键选择"硬盘"或"设置"，按"E"键进入硬盘后，进入如图 3.17 所示的文件类型列表图。

注　以下出现的几个界面都隐掉 OSD 的叠加。

图 3.17　文件类型列表

(3) 用左、右键选择文件类型，点击"E"键后进入文件目录，如图 3.18 所示。

图 3.18　文件目录

(4) 用上、下键选择文件夹，点击"E"键后，进入文件选择，如图 3.19 所示。

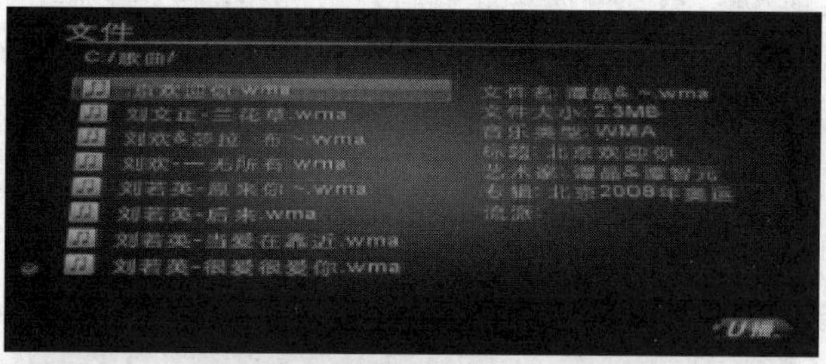

图 3.19　文件选择

(5) 用上、下键选择，点击"E"键，进行播放。

注　按"ESC"键可返回上一个界面。

2. 参数设置

在硬盘播放页面，按左、右键和"E"键选择，进入设置页面。

页面有以下几个科目：

(1) 语言选择：可以选择英文或中文。

(2) 图片显示速度。

(3) 图片显示方式。

(4) 音乐重复模式。

(5) 电影重复模式屏幕显示比例。

(6) TV 输出设置。

(7) 自动播放。

注 按上、下键选择科目，按左、右键调节参数，按"E"键确认。

3. U 盘到播放机的硬盘的文件拷贝

把 U 盘插入到面板上的 U 盘接口内，在硬盘播放的主页面内就会出现两个 U 盘的盘符。

(1) 参照上面的操作，利用上、下、左、右键和"E"键选择某一盘内的文件并打上钩，如图 3.20 所示。

图 3.21 选择文件

(2) 用"V-COPY"键来操作，或用遥控器的"osd"键，如图 3.21 所示。

图 3.21 操作选项界面

(3) 按上、下键选择"复制"或"删除"，按"E"键确认，如图 3.22 所示。

图 3.22 选择要进行的操作

(4) 如果要复制，可以按照屏幕的提示进行，接左、右键选择文件夹，按"E"键复制，如图 3.23 所示。

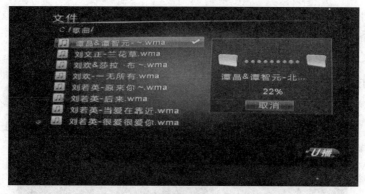

图 3.23　复制文件

4. 播放机内部的硬盘与电脑的直接连接

通过面板上的 USB 接口，用 USB 连接线把电脑和播放机连接起来。

点击"PC-COM"键，将播放机连上电脑，电脑会自动识别播放机内的硬盘，以一种外接硬盘的方式连接上电脑。这时硬盘播放的视频界面会没有图像信号。通过电脑操作可以把文件拷贝到播放机硬盘，或者从播放机硬盘拷贝到电脑等。

再点击"PC-COM"键，断开连接，如果文件没有变动，播放机会自动回到原先播放的位置继续播放。

3.5.5　DVD 播放

在主界面点击"DVD 播放"图标进入 DVD 播放界面。本系统支持 DVD 菜单触摸操作。在播放 DVD 时，点击屏幕任意位置，屏幕下方弹出一组操作图标，通过点击这些图标可完成 DVD 操作，如图 3.24 所示。

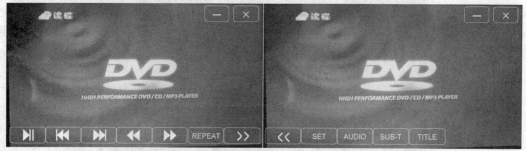

图 3.24　DVD 播放界面

注　不同光碟包含的音频语言和字幕语言不尽相同，如果用户选择的语言未包含在光碟中，播放时则使用默认语言；若使用 DVD 菜单或 AUDIO 键改变音频语言，则仅作用于目前播放设置，当更换碟片时还原为 DVD 系统默认设置(中文)。

因为不断升级，具体操作界面可能与本图不符，请以实物为准。DVD 按键说明参见上一节硬盘播放。

3.5.6　其他菜单内的操作

在主页面点击"其他"图标，进入到播放机内部 Flash 区的文件操作。Flash 区可以存取相当于 1 GB 的空间的文件(见图 3.25)。这个区主要是用来存放机器的电子档操作说明书、地图等。这个区也可以存储一些 MP3 音乐文件和分辨率较低(480×800)的图片与视频。这个区主要用来与面板上的 TF 卡文件进行输入/输出操作，也可以通过播放机背后的 USB 接口与外部连接，比如接一个 U 盘。TF 卡和 USB 接口都可以用来对系统控制程序进行升级。播放机背后的 USB 接口基本上是用于播放机的程序升级，TF 卡则用于存储 GPS。

图 3.25　Flash 区

下面简单介绍一下它的功能。

1. 游戏

在本机的其他文件夹下，有游戏程序，可以打开后在 LCD 触摸屏上运行。

2. 本机 Flash 内的文件拷贝和执行

点击"本机"→"文件夹"后，再点击文件，在跳出对话框"删除/拷贝到 TF 卡/拷贝到 USB2/播放或打开"，点击其中一项内容后执行。同样可以对 USB2 和 TF 卡进行操作。

3. 时间设置和触摸屏校准

在主界面中点击"设置"进入设置界面，在该界面中可以设置时间、日期、触摸屏校准等(见图 3.26)。

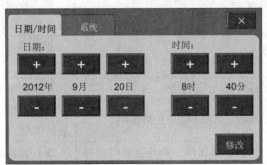

图 3.26　日期/时间界面

在"日期/时间"界面中可以对日期和时间进行设置，设置更改后点击"修改"按钮确认。

3.5.7　常见故障排除

当操作失灵或本机操作不正常时，可将电源关闭后再次打开，或者按下列顺序操作，直至本机恢复正常。

(1) 将汽车的电门钥匙转到 OFF 位置，再转回 ON 位置。

(2) 按下本机面板上的复位键。

如果本机出现故障，表 3.2 将有助于用户找到问题。用户也可以向专业人员咨询。

表 3.2　常见故障分析

现　象	原　因	对　策
不能开机	车钥匙未插入电门，未打开电门	插入车钥匙并打开电门
	电源线未插入主机	插入电源线
	本机保险丝被烧掉	更换成额定电流相同的保险丝
无法接收电台	无天线或电缆连接断开	确保天线正确连接；如有必要，可更换天线或电缆
广播出现噪声	天线可能长度不合适	完全延长天线；如果断裂，应对其进行更换
	天线接地不良	确保在安装位置将天线正确接地
无法搜索电台	处在信号较弱的地区	待到信号较强的地区再进行搜索
	天线没有正确接地或连接	检查天线连接，确保天线在安装位置正确接地
	天线长度可能不合适	确保天线完全延伸；如果断裂，应更换新的天线
图像不稳定	视频线没有连接好	检查后并正确连接
节目不能播放	节目格式不支持	选择支持的节目格式
	高清节目	选择非高清节目
触摸屏不准	没有居中	进入设置菜单，对触摸屏重新校准
触摸屏不相应	系统正在处理一些事务	稍等片刻；若长时间无法解决，建议联系售后服务部工程师协助解决
DVD 碟片不能播放	碟片放反	更正碟片方向，光源面朝下插入碟仓
	碟片被刮伤或变形	更换良好的碟片
	播放了本机不能播放的碟片	检查碟片属于何种类型，放入可播放的碟片
播放 DVD 时,屏幕不亮或暗或是黑白	亮度、对比度、彩色饱和度调得太小	重新调整亮度、对比度、彩色饱和度至适合观看状态
倒车无后视图像	未安装摄像头	安装摄像头，插入主机的 CCD 插头
	摄像头制式不对	更换匹配制式的摄像头

3.5.8　主要技术规格

主要技术规格见表 3.3。

表3.3 主要技术规格

参 数			说 明
收音	调频	频率范围	87.5 MHz～108.0 MHz
		灵敏度	≤15 dBμV
		信噪比	≥46 dB
	调幅	频率范围	522 kHz～1710 kHz
		灵敏度	≤30 dBμV
		信噪比	≥40 dB
	天线输入阻抗		75 Ω 不平衡
功放	输出负载阻抗		4 Ω
其他	尺寸(约)		
	质量(约)		
	工作温度		−20℃
	电源		DC12V～24V
	功耗		<100 W

思 考 题

1. 一般车载物联网的概念和结构是什么？
2. 车载物联网应用中有哪些嵌入式技术手段？

第4章 嵌入式无线传感网系统开发

本章结合物联网嵌入式教学研发平台，介绍嵌入式网络的开发和软、硬件选型，在强大的嵌入式网关依托下，配合外围丰富的通信接口、Zigbee 无线模块和多种传感器模块，提供了众多实验例程和典型应用，便于熟悉和掌握物联网无线网络及传感器技术的原理和应用。该教学研发平台包含了使用嵌入式 ARM11 和 TI 的 CC2530 芯片基于 ZigBee2007/PRO 的无线传感器网络研发所需要的全部硬件和软件。在此平台还可以进行以下应用和开发：

(1) 样机开发。CC2530BB 引出了 CC2530 所有可用的 I/O，方便用户连接自己的外部设备(传感器或其他设备)。

(2) 多种传感器扩展板(热释红外传感器、亮度传感器、温/湿度传感器、三轴加速度传感器、广谱气体传感器和大气压力传感器)。

(3) 使用 TI 的 ZigBee2007/PRO 兼容协议栈 Z-Stack 开发自己的基于 ZigBee 的无线传感器网络应用。

(4) 使用 TI 的 ZigBeeRF4CE 协议栈 RemoTI 开发自己的 RF4CE 应用。

4.1 系统硬件平台

4.1.1 硬件平台简介

物联网嵌入式教学研发平台包含以下组件(见图 4.1)：

(1) 1 台 WSN500-GATEWAY(ARM11 嵌入式网关)。

(2) 7 个 WSN500-CC2530BB(CC2530 节点电池底板)。

(3) 7 个 WSN500-CC2530EM(CC2530 节点模块)。

(4) 1 个 WSN500-CC Debugger(CC2530 仿真器)。

(5) 1 个 WSN500-Sensor-Infrared(热释电红外线传感器扩展板)。

(6) 1 个 WSN500-Sensor-Luminance(亮度传感器扩展板)。

(7) 1 个 WSN500-Sensor-Temperature/Humidity(温/湿度传感器扩展板)。

(8) 1 个 WSN500-Sensor-Accelerometer(三轴加速度传感器扩展板)。

(9) 1 个 WSN500-Sensor-Gases(广谱气体传感器扩展板)。

(10) 1 个 WSN500-Sensor-Pressure(大气压力传感器扩展板)。

(11) 7 支 2.4 GHz 终端天线(天线增益 3 dBi)。

(12) USB 电缆、串口调试电缆、6 芯扁平电缆各一条。

图 4.1　组件

1. 嵌入式网关

嵌入式网关是连接 ZigBee 无线网络与上位机或互联网的桥梁(见图 4.2)，用来处理和收集 ZigBee 无线网络中节点与传感器的相关信息量并上传给上位机或互联网。

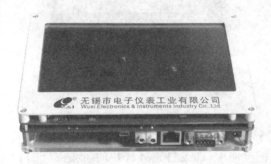

图 4.2　嵌入式网关

本系统采用高性能的 ARM11(三星 S3C6410)为主处理器的嵌入式网关，可外扩兼容多种常见的如 GPRS、GPS、WIFI、蓝牙、红外等通信模块；嵌入式 Web 服务器、嵌入式 SQLite 数据库和 QT/E 图形用户界面等软件提供了强大的网关数据处理功能。其特点如下：

(1) 采用 S3C6410 高性能嵌入式处理器，主频 533/667 MHz。

(2) 256M DDR RAM，2GB Flash。

(3) 内置 OpenGL 2D/3D 图形硬件加速器、编解码器。

(4) 主 USB2.0 Slave，4 个 USB HOST 1.1(HUB 扩展)。

(5) 4 个 UART，引出 3 个 RS232 口。

(6) 支持 WM9714 解码，基于 AC97 接口，立体声 400 mW 语音输出。

(7) 标准 TV-OUT 接口。

(8) 7 寸真彩色 LCD，带一线精准触摸屏，背光可调节，分辨率 800×480。

(9) 摄像头接口，支持 OV9650 微型 CMOS 摄像头。

(10) DM9000AEP，RJ-45 接口 10/100M 网卡。

(11) SD 卡，SPI、PWM、I^2C、按键、LED 灯及外设扩展接口。

2．节点电池底板

CC2530BB 节点电池底板，方便用户使用电池对其供电(见图 4.3)。其特点如下：

(1) 引出 CC2530 所有可用的 I/O，方便用户连接自己的外部设备。

(2) Debug 接口，方便用户下载程序和协议分析。

(3) Joystick 五向按键、RemoTI 专用按键、4 色 LED 功能及状态显示。

(4) 板载 256 Kbits Flash，方便用户进行节点软件空中升级。

(5) DC-DC 电源变换，支持 DC 电源供电。

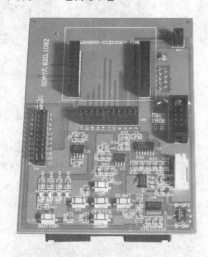

图 4.3　节点电池底板

3．节点模块

CC2530EM 为 CC2530 节点模块，包含有 CC2530 芯片及必要的外部元件(见图 4.4)，它可被插在节点电池基板上使用。CC2530EM 模块的射频部分的 PCB 布线可作为用户的参考设计。其特点如下：

(1) 采用 TI ZigBee 射频芯片 CC2530-F256。

(2) 工作频带范围：2.400～2.4835 GHz。

(3) 支持 ZigBee2007/Pro 规范、支持 RF4CE。

(4) 引出所有可用的 I/O。

(5) 输出功率可编程控制(−27.5 dBm～4.5 dBm)。

(6) 高接收灵敏度(−97 dBm)。

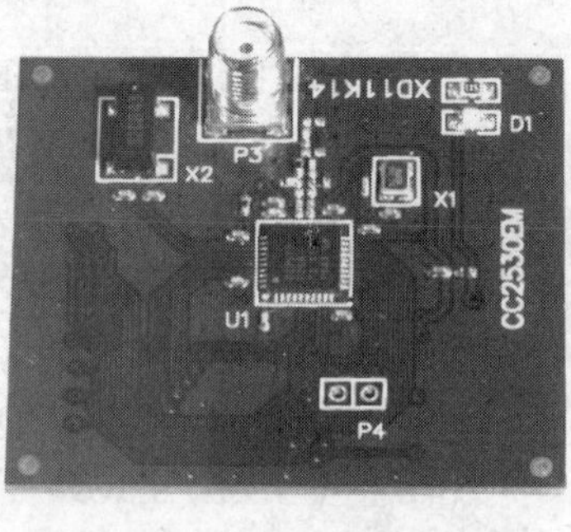

4．仿真器

Debugger 为多功能仿真器，可对 CC2530 进行程序调试

图 4.4　节点模块

和下载，配合 PC 端的 Packet Sniffer 软件，可作为 ZigBee2007/PRO 协议分析仪使用(见图 4.5)。其特点如下：

(1) 与 IAR for 8051 集成开发环境无缝连接。

(2) 支持内核为 51 的 TI Zigbee 芯片：CC111x/CC243x/CC253x/CC251x。

(3) 下载速度高达 150 KB/s。

(4) 可通过 TI 相关软件更新最新版本固件。

(5) 支持仿真下载和协议分析。

(6) 可对目标板供电 3.3 V/50 mA。

(7) 支持最新版的 SmartRF Flash Programmer，SmartRF Studio，IEEE Address Programmer，Packet Sniffer 软件。

(8) 支持多种版本的 IAR 软件，如用于 2430 的 IAR730B，用于 25xx 的 IAR751A，IAR760 等，并与 IAR 软件实现无缝集成。

图 4.5　多功能仿真器

5. 热释电红外线传感器扩展板

热释电红外线传感器扩展板，采用日本 Nicera 公司生产的 RE200B 人体红外传感器，该传感器性能稳定，具有很强的抗干扰能力，在人体侵入报警设备上有着广泛的应用(见图4.6)。控制芯片采用 CMOS 工艺集成的 AS081，其内部构架采用模拟及数字混合电路的 Mixed-mode 方式设计，具有极低的功耗，在各种情况下都能十分稳定的工作。AS081 采用第三代 PIR 人体热释红外线探测技术方案，内置高精度算法单元，可自调整适应当前环境，滤除环境干扰，有效提取人体信号，感应距离达十余米。其特点如下：

(1) 内置输出 PIR 传感器基准电压，有效减少因电压变化引起的干扰。

(2) 内置运算放大器，可与多种 PIR 传感器匹配，进行信号预处理。

(3) 内置高精度算法单元，可自调整适应当前环境，有效区分人体信号和干扰信号。

(4) 内置屏蔽时间定时器，有效抑制重复误动作。

(5) 控制信号输出延迟时间可调、精准、范围宽。

图 4.6　热释红外线传感器扩展板

6. 亮度传感器扩展板

亮度传感器扩展板，采用 CDS 光敏电阻对亮度进行测量(见图 4.7)。光敏电阻器是利用半导体的光电效应制成的一种电阻值随入射光的强弱而改变的电阻器；入射光强，电阻减小；入射光弱，电阻增大。

图 4.7　亮度传感器扩展板

7. 温/湿度传感器扩展板

温/湿度传感器扩展板，采用瑞士盛世瑞恩公司的 SHT10 单芯片传感器，该传感器是一款含有已校准数字信号输出的温/湿度复合传感器(见图 4.8)。它应用专利的工业 CMOS 过程微加工技术，确保产品具有极高的可靠性与卓越的长期稳定性。传感器包括一个电容式聚合体测湿元件和一个能隙式测温元件，并与 14 位的 A/D 转换器以及串行接口电路在同一芯片上实现无缝连接。每个 SHT10 传感器都在极为精确的湿度校验室进行校准。校准系数以程序的形式储存在 OTP 内存中，传感器内部在检测信号的处理过程中调用这些校准系数进行精确校准。

图 4.8　温/湿度传感器扩展板

8. 三轴加速度传感器扩展板

三轴加速度传感器扩展板，采用 AD 公司的 ADXL325 芯片，它是一个小型低功耗的三轴加速度计，测量范围为 ±5 g(见图 4.9)。它可应用于倾斜感应应用中的静态加速度测量，也可应用于运动、冲击或振动产生的动态加速度的测量。

图 4.9　三轴加速度传感器扩展板

9. 广谱气体传感器扩展板

广谱气体传感器扩展板，采用热线型半导体气敏元件对天然气、液化气、煤气、烷类等可燃性气体进行浓度检测(见图 4.10)。该气敏传感器由检测元件和补偿元件配对组成电桥的两个臂，遇可燃性气体时检测元件电阻减小，桥路输出电压变化，该电压变化随气体浓度增大而成比例增大，补偿元件起参比及温度补偿作用。其特点如下：

(1) 高灵敏度，大信号输出。

(2) 初期稳定时间短，响应速度快。

(3) 良好的重复性，工作稳定可靠。

(4) 优良的抗烟雾、乙醇蒸汽干扰能力。

图 4.10　广谱气体传感器扩展板

10. 大气压力传感器扩展板

大气压力传感器扩展板，采用精量电子的 1451 型表面贴装硅压阻式传感器，该传感器体积小、重量轻，广泛用于大气测量、高度测量、医疗仪器及轮胎压力测量(见图 4.11)。

图 4.11　大气压力传感器扩展板

1451 型传感器为绝压类型，量程为 0～30 psi，带有引压接口，方便用户进行测量。

4.1.2　嵌入式网关的选型与设计

1. 嵌入式网关概览

嵌入式网关概览图如图 4.12 所示。

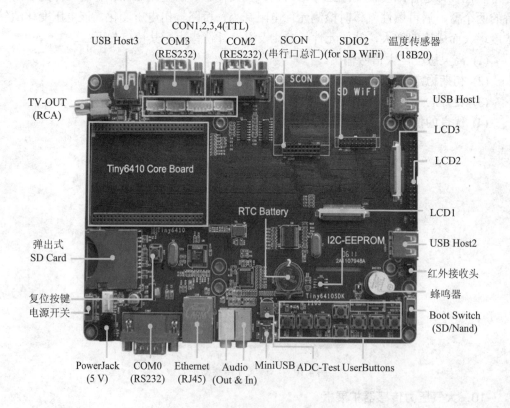

图 4.12　嵌入式网关概览图

2．嵌入式网关接口

嵌入式网关采用 5 V 直流电源供电，提供了 2 个电源输入口，CN1 为附带的 5 V 电源适配器插座，S1 为电源开关，白色的 CON8 为 4pin 插座，网关核心板引出了 UART0，1，2，3 共 4 个串口，其中 UART1 为五线功能，其他均为三线串口。在网关底板上，UAR0，1，2 经过 RS232 电平转换，并引出至 COM0，1，2 DB9 串口座，可以通过附带的交叉串口线和 PC 互相通信。为了方便开发，把这 4 个串口通过 CON1，2，3，4 分别从 CPU 直接引出，其中 UART1 为五线引出。

网关带有 4 个 A 型 USB Host 1.1 接口，它和普通 PC 的 USB 接口是一样的，可以接 USB 摄像头、USB 键盘、USB 鼠标、优盘等常见的 USB 外设；还可以接 USB Hub 进行扩展，各个 OS 均已经自带 USB Hub 驱动，不必另外编写或配置。网关另外一种 USB 接口是 MiniUSB(2.0)，一般使用它来下载程序到目标板，当网关装载了 Windows CE 系统时，它可以通过 ActiveSync 软件和 Windows 系统进行同步。为了方便开发一些串行口外设，设计了 SCON 接口，并称之为"串行口总汇"，它包含 2 个串口，1 个 I^2C 接口，1 个 SPI 接口，1 个 USB Host 接口，还有 1 个 GPIO 口等，并包含 5 V 和 3.3 V 电源输出脚。网关采用了 DM9000 网卡芯片，它可以自适应 10/100M 网络，RJ45 连接头内部已经包含了耦合线圈，因此不必另接网络变压器，使用普通的网线即可连接本开发板至路由器或者交换机。

本网关采用的是 AC97 接口，它外接了 WM9714 作为 CODEC 解码芯片。音频系统的输出为常用 3.5 mm 绿色孔径插座，音频输入为蓝色插座。系统所用的 S3C6410 带有 2 路电视输出接口，本网关把其中一路 DACOUT0 经过放大输出，用户可以直接使用 AV 线把它接到普通电视上使用。当使用 DACOUT0 时，需要把电视机设置为 CVBS 输入模式。

JTAG 接口在开发过程中最常见的用途是单步调试，不管是市面上常见的 JLINK 还是 ULINK，以及其他的仿真调试器，最终都是通过 JTAG 接口连接的。标准的 JTAG 接口是 4 线：TMS、TCK、TDI、TDO，分别为模式选择、时钟、数据输入和数据输出线。LED 是开发中最常用的状态指示设备，本网关具有 4 个用户可编程 LED，它们位于核心板上，直接与 CPU 的 GPIO 相连接。

网关总共有 8 个用户测试用按键，它们均从 CPU 中断引脚直接引出，属于低电平触发，这些引脚也可以复用为 GPIO 和特殊功能口。为了方便用户使用，开发板带有 3 个 LCD 接口座：LCD1，LCD2 和 LCD3。其中，LCD1 和 LCD2 是 0.5 mm 间距的 40pin 贴片座；LCD3 为 2.0 mm 间距的 40pin 插针座。LCD 接口座中包含了常见 LCD 所用的大部分控制信号(行场扫描、时钟和使能等)和 6∶6∶6 模式的 RGB 数据信号。其中，37、38、39、40 为四线触摸屏接口，这 4 个信号直接从 CPU 引出，可以使用 CPU 本身所带的触摸屏控制器，直接连接四线电阻触摸屏使用。

网关总共引出 2 路 A/D(模/数转换)转换通道，其中 AIN0 连接到了底板上的可调电阻 W1。S3C6410 的 AD 转换可以配置为 10 bit/12 bit。网关的蜂鸣器 Buzzer 是通过 PWM 控制的，其中 PWM0 对应 GPF14，该引脚可通过软件设置为 PWM 输出，也可以作为普通的 GPIO 使用。网关带有一路采用 DS18B20 的温度传感器，传感器的信号与 CPU 的一个中断引脚相连。网关带有一个红外遥控接收头，采用的接收头型号为 IRM3638(或兼容)，它连接使用了 EINT12 作为接收引脚。S3C6410 带有 2 路 SDIO 接口，其中 SDIO0 通常被用作普通 SD 卡使用，它对应于本网关的 CON6 接口，该接口可以支持 SDHC，也就是高速大容量卡(最大可支持 32G 启动)。S3C6410 的另一路 SDIO 接口通过 CON11 针座引出，它是一个 2.0 间距的 20pin 插针座，为了配合 SDIO 使用，该接口中还包含了 1 路 SPI，2 个 GPIO。网关核心板引出了 CMOS 摄像头接口，可以使用 CMOS 摄像头模块。

4.1.3　节点电池底板的选型与设计

1．节点电池底板概览

节点电池底板概览图如图 4.13 所示。

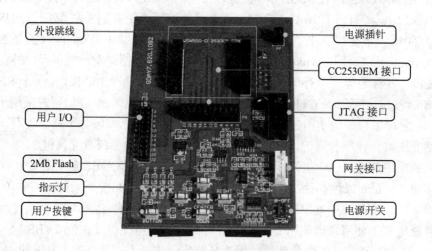

外设跳线	电源插针
用户 I/O	CC2530EM 接口
2Mb Flash	JTAG 接口
指示灯	网关接口
用户按键	电源开关

图 4.13　节点电池底板概览图

2．节点电池底板的供电

终端节点电池底板供电采用 2 节 AA 电池供电。为了方便用户移动测试，由 2 节 AA 电池给 CC2530BB 电池底板供电，将 2 节 AA 电池安装到 CC2530BB 电池底板背面的电池盒中，请注意电池正、负极性，严禁安装错误！将电源选择开关 S2 拨到"B-ON"端，可打开 CC2530BB 电池底板供电；拨至"B-OFF"端，则关闭底板供电。

协调器节点采用网关供电，不需要安装 AA 电池，通过 6 芯扁平电缆连接协调器节点电池底板的 P6 插座至网关的 CON2 插座，由网关提供的 5 V 电源通过板载 DC-DC 变换器给节点供电。将电源选择开关 S2 拨到"B-OFF"端，可打开协调器电池底板供电；拨至"B-ON"端，则关闭底板供电。

注　若 2 节 AA 电池总电压低于 2.0 V，CC2530BB 节点电池底板及 CC2530EM 节点模块可能无法正常工作，用户应及时更换同类型号新电池。

3．节点电池底板的其他功能区介绍

CC2530BB 节点电池底板上的外设连接跳线区(P5)是连接 CC2530EM 上的 CC2530 可用 I/O 与 WSN500-CC2530BB 资源的桥梁。出厂默认连接关系如表 4.1 所示。

表 4.1　外设连接跳线区引脚连接情况

引脚	连 接 情 况	引脚	连 接 情 况
1	CC2530 的 P2.0	2	按键 K2(CENTER)及 4 个方向键按下信号
3	CC2530 的 P0.6	4	UP、DOWN、LEFT 和 RIGHT 按键共用的 ADC 通道
5	CC2530 的 P1.0	6	LED_G(绿色 LED，高电平点亮)
7	CC2530 的 P1.1	8	LED_R(红色 LED，高电平点亮)
9	CC2530 的 P1.4	10	LED_Y(黄色 LED，高电平点亮)
11	CC2530 的 P0.1	12	LED_B(蓝色 LED，高电平点亮)，与 S1(BUTTON)按键复用(高有效)
13	CC2530 的 P1.3	14	串行 Flash 的 SPI 总线片选信号
15	CC2530 的 P1.5	16	SPI 总线 SCLK 信号
17	CC2530 的 P1.6	18	SPI 总线 MOSI 信号
19	CC2530 的 P1.7	20	SPI 总线 MISO 信号
21	CC2530 的 RESET	22	连接 WSN500-CC2530BB 板上的复位电路

CC2530BB 电池底板上的 CC2530EM 连接座是用来安装 CC2530EM 模块(见图 4.14)的安装座。

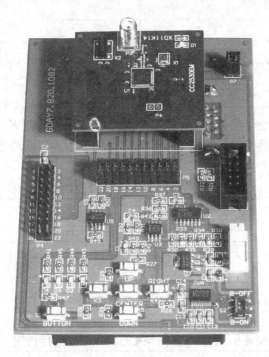

图 4.14　CC2530EM 模块

CC2530BB 节点电池底板一共为用户提供了 6 个按键：

(1) 方向按键 UP(K1)，DOWN(K5)，LEFT(K3)和 RIGHT(K4)。

(2) 方向中心按键 CENTER(K2)。

(3) 取消按键 BUTTON(S1)。

方向按键(UP，DOWN，LEFT 和 RIGHT)、中心按键(CENTER)和取消按键(BUTTON)可作为用户输入接口。为了节约 CC2530 的 I/O 口线，方向按键采用了 ADC 键盘方式，由 CC2530 的 P0.6 引脚进行采样。当 VDD 为 3.3V 时，分别按下各方向按键后 P0.6 上的电压如表 4.2 所示。

表 4.2　按下各方向键后 P0.6 上的电压

方向键	UP	DOWN	LEFT	RIGHT	CENTER
电压值/V	0.3	1.2	1.7	2.0	2.3

取消按键 BUTTON(S1)由 CC2530 的 P0.1 读取 I/O 电平，当按下取消按键 BUTTON(S1)时为高电平。取消按键 BUTTON(S1)与 LED_B(D4)共用同一个 I/O 口——P0.1。由于 LED 为输出电流来驱动，而按键为输入，我们强烈建议用户在执行"熄灭 LED"操作后，立即将 I/O 端口方向设置为输入。

CC2530BB 节点电池底板上的 JTAG 调试接口 P3 是用来连接 CC Debugger 多功能仿真器的接口，以便用户对 CC2530 进行在线调试、Flash 烧写等操作。JTAG 调试接口的各引脚连接情况如表 4.3 所示。

表 4.3　JTAG 调试接口的各引脚连接情况

JTAG 引脚(P3)	CC2530	JTAG 引脚(P3)	CC2530
1	GND	2	VDD
3	P2.2	4	P2.1
5	P1.4	6	P1.5
7	RESET	8	P1.6
9	NC	10	P1.7

CC2530BB 节点电池底板上的网关接口 P6 是用来连接 GATEWAY 嵌入式网关的接口，当节点作为协调器节点使用时，连接该接口完成协调器节点与网关之间的数据通信，同时给协调器节点供电。网关接口的各引脚连接情况如表 4.4 所示。

表 4.4　网关接口的各引脚连接情况

引脚(P6)	1	2	3	4	5	6
CC2530	NC	NC	P0.2	P0.3	+5V	GND

WSN500-CC2530BB 节点电池底板上配备了外部串行 Flash 芯片 M25PE20。该芯片容量为 256 KB，采用硬件 SPI 总线通信方式驱动，能为 CC2530BB 节点电池底板上的 CC2530EM 模块通过远程空中模式升级固件，提供存储代码空间。它与 CC2530 的连接关系如表 4.5 所示。

表 4.5　Flash 芯片与 CC2530BB 连接情况

串行 Flash(M25PE20)	CS	SDI	SDO	SCK
CC2530	P1.3	P1.6	P1.7	P1.5

WSN500-CC2530BB 节点电池底板上的用户 I/O 区 P4 是为了方便用户连接自己的外设(传感器板或其他设备)到 CC2530 而设计的。P4 的各引脚说明如表 4.6 所示。

表 4.6　P4 的各引脚说明

P4 上的引脚	CC2530	备　　　注
1	NC	VDD
2	P1.0	默认连接到 WSN500-CC2530BB 上的 LED_G，若用户想使用该引脚，建议将 P5-5 与 P5-6 之间的短路帽拔掉
3	P0.0	未被 WSN500-CC2530BB 上资源所使用，用户可直接使用该引脚
4	P1.1	默认连接到 WSN500-CC2530BB 上的 LED_R，若用户想使用该引脚，建议将 P5-7 与 P5-8 之间的短路帽拔掉
5	P0.1	默认连接到 WSN500-CC2530BB 上的 LED_B，若用户想使用该引脚，建议将 P5-11 与 P5-12 之间的短路帽拔掉
6	P1.2	未被 WSN500-CC2530BB 上资源所使用，用户可直接使用该引脚
7	P0.2	未被 WSN500-CC2530BB 上资源所使用，用户可直接使用该引脚
8	P1.3	默认连接到 WSN500-CC2530BB 上的串行 Flash 片选，若用户想使用该引脚，建议将 P5-13 与 P5-14 之间的短路帽拔掉
9	P0.3	未被 WSN500-CC2530BB 上资源所使用，用户可直接使用该引脚
10	P1.4	默认连接到 WSN500-CC2530BB 上的 LED_Y，若用户想使用该引脚，建议将 P5-9 与 P5-10 之间的短路帽拔掉
11	P0.4	未被 WSN500-CC2530BB 上资源所使用，用户可直接使用该引脚
12	P1.5	默认连接到 WSN500-CC2530BB 上的 SPI 总线的 SCLK，若用户想使用该引脚，建议将 P5-15 与 P5-16 之间的短路帽拔掉
13	P0.5	未被 WSN500-CC2530BB 上资源所使用，用户可直接使用该引脚
14	P1.6	默认连接到 WSN500-CC2530BB 上的 SPI 总线的 MOSI，若用户想使用该引脚，建议将 P5-17 与 P5-18 之间的短路帽拔掉
15	P0.6	默认连接到 WSN500-CC2530BB 上 UP，DOWN，LEFT 和 RIGHT 按键共用的 ADC 转换通道，若用户想使用该引脚，建议将 P5-3 与 P5-4 之间的短路帽拔掉
16	P1.7	默认连接到 WSN500-CC2530BB 上的 SPI 总线的 MISO，若用户想使用该引脚，建议将 P5-19 与 P5-20 之间的短路帽拔掉
17	P0.7	未被 WSN500-CC2530BB 上资源所使用，用户可直接使用该引脚
18	P2.0	默认连接到 WSN500-CC2530BB 上的 5 个方向按键，若用户想使用该引脚，建议将 P5-1 与 P5-2 之间的短路帽拔掉
19	RESET	未被 WSN500-CC2530BB 上资源所使用，用户可直接使用该引脚
20	P2.1	CC2530 调试接口的数据线，一般不用作用户 I/O
21	NC	GND
22	P2.2	CC2530 调试接口的数据线，一般不用作用户 I/O

4.1.4　节点模块的选型与设计

1. CC2530EM 节点模块概览

WSN500-CC2530EM 节点模块上焊接了 CC2530F256 芯片、32.768 kHz 晶振、32 MHz 晶振、SMA 天线连接器以及电阻、电容和电感元件。另外，该模块还配套 3 dBi 增益的终端天线(见图 4.15)。

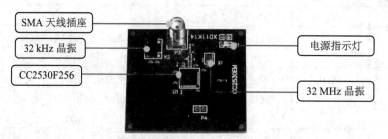

图 4.15　CC2530EM 节点模块概览图

WSN500-CC2530EM 节点模块可作为用户设计基于 CC2530 射频模块的参考设计。

2. WSN500-CC2530EM 节点模块对外接口

WSN500-CC2530EM 节点模块的背面焊接有 2 组双排排针(P1 和 P2)，可通过这 2 排双排排针将 WSN500-CC2530EM 节点模块安装到 WSN500-CC2530BB 节点电池底板。

这 2 组双排排针的引脚功能如表 4.7 所示。

表 4.7　2 组双排排针的引脚连接情况

P1	CC2530	P2	CC2530
1	GND	1	NC
2	NC	2	NC
3	P0.4	3	NC
4	P1.3	4	NC
5	P0.1	5	NC
6	P1.0	6	NC
7	P0.2	7	VDD
8	NC	8	NC
9	P0.3	9	VDD
10	P2.1	10	NC
11	P0.0	11	NC
12	P2.2	12	NC
13	P1.1	13	NC
14	P1.4	14	NC
15	P0.6	15	RESET
16	P1.5	16	GND
17	P0.7	17	P1.2
18	P1.6	18	P0.5
19	GND	19	P2.0
20	P1.7	20	NC

4.1.5 多功能仿真器的选型与设计

1. Debugger 多功能仿真器概览

Debugger 多功能仿真器概览图如图 4.16 所示。

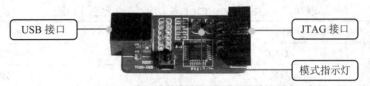

图 4.16 Debugger 多功能仿真器概览图

CC Debugger 多功能仿真器支持内核为 51 的 TI ZigBee 芯片 CC111X、CC243X、CC253X、CC251X，进行实时在线仿真、调试。本多功能仿真器可以支持以下软件(见图 4.17)：

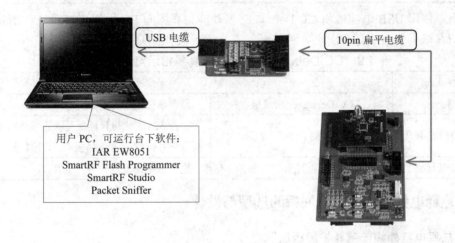

图 4.17 本多功能仿真器可支持的软件

(1) 与 IAR For 8051 集成开发环境实现无缝连接，具有代码高速下载、在线调试、断点、单步、变量观察和寄存器观察等功能。

(2) 使用 TI 公司的 SmartRF Flash Programmer 软件对片上系统(SoC)进行编程。

(3) 使用 SmartRF Studio 软件对片上系统(SoC)进行控制和测试。

(4) 使用 Packet Sniffer 软件时，WSN500-CC Debugger 配合 CC2530BB 和 CC2530EM，即可组成具有 USB 接口的最新 IEEE802.15.4/ZigBee、ZigBee2007/PRO 协议分析仪。

若将该仿真器的 JTAG 调试接口通过 10pin 扁平电缆连接到安装有 CC2530EM 模块的 CC2530BB 上的 JTAG 调试接口，将该仿真器的 USB 接口通过 USB 电缆连接到用户 PC，配合用户 PC 端安装的各种软件，即可实现上述功能。

CC Debugger 多功能仿真器的规格参数如下：

(1) 目标板最小供电电压：2.0 V。

(2) 目标板最大供电电压：3.6 V。

(3) 操作使用温度：0～85℃。

(4) 调试/仿真工作电压：3.3 V。

(5) 最大支持电流：500 mA。

(6) 支持操作系统：Windows 2000/XP(SP2/SP3)/Vista 32。

2．CC Rebugger 多功能仿真器接口及指示灯描述

CC Debugger 多功能仿真器接口描述如表 14.8 所示。

表 4.8　CC Debugger 多功能仿真器接口描述

序号	描　述	序号	描　述
1	GND	2	VDD
3	DC	4	DD
5	CSN	6	CLK
7	RESET	8	MOSI
9	MISO	10	NC

当用户使用 USB 电缆线将 CC Debugger 多功能仿真器与 PC 机相连接后，CC Debugger 多功能仿真器上的指示灯会出现各种指示，其含义如表 4.9 所示。

表 4.9　CC Debugger 多功能仿真器指示灯功能描述

LED 状态	说　明	备　注
熄灭	CC Debugger 未通电	检查是否正确与 PC 相连
1 只红灯常亮	未能检测到 SoC 设备	检查 JTAG 线与目标板是否正确连接后，请按一下复位键或重新插拔 USB 电缆线
2 只红灯常亮	正常检测到 SoC 设备	检测正常，可进行各项操作

4.1.6　热释电红外传感器扩展板的选型与设计

1．热释电红外线传感器扩展板概览

热释电红外线传感器扩展板(见图 4.18)，采用日本 Nicera 公司生产的 RE200B 人体红外传感器，该传感器性能稳定，具有很强的抗干扰能力，在人体侵入报警设备上有着广泛的应用。控制芯片采用 CMOS 工艺集成的 AS081，其内部构架采用模拟及数字混合电路的 Mixed-mode 方式设计，具有极低的功耗，在各种情况下都能十分稳定的工作。AS081 采用第三代 PIR 人体热释红外线探测技术方案，内置高精度算法单元，可自调整适应当前环境，滤除环境干扰，有效提取人体信号，感应距离达十余米。

图 4.18　热释电红外线传感器扩展板概览图

RE200B 热释电红外线传感器主要性能参数：

(1) 电源电压：3～10VDC。

(2) 噪声输出：$90mV_{P-P}$。

(3) 探测视角：X 轴 = 138°，Y 轴 = 125°。

2．热释电红外线传感器扩展板用户接口

热释电红外线传感器扩展板带有一个 2×11 的排座，方便用户直接连接到 WSN500-CC2530BB 节点电池底板或用户自己的目标板。

用户接口定义如表 4.10 所示。

表 4.10　热释电红外线传感器扩展板用户接口定义

NC	NC	NC	NC	NC	NC	NC	NC	NC	NC	NC
2	4	6	8	10	12	14	16	18	20	22
1	3	5	7	9	11	13	15	17	19	21
VCC	NC	NC	NC	NC	NC	NC	LED	OUT	NC	GND

若将该传感器扩展板连接到带有WSN500-CC2530EM模块的WSN500-CC2530BB节点电池底板的用户接口 P4 上，则该扩展板上的 LED 由 CC2530 的 P0.6 控制，检测输出信号 OUT 连接到 CC2530 的 P0.7。

　　注　将该传感器扩展板与WSN500-CC2530BB 节点电池底板连接时，一定要注意连接方向，即该传感器扩展板的用户接口的第 1 脚与 WSN500-CC2530BB 节点电池底板用户接口的第 1 脚对应。

4.1.7　亮度传感器扩展板的选型与设计

1．亮度传感器扩展板概览

亮度传感器扩展板概览图如图 4.19 所示。

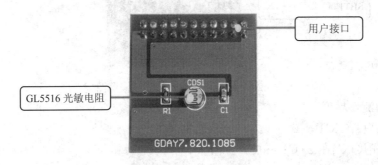

图 4.19　亮度传感器扩展板概览图

2．亮度传感器扩展板用户接口

亮度传感器扩展板带有一个 2×11 的排座，方便用户直接连接到 CC2530BB 节点电池底板或用户自己的目标板。

用户接口定义如表 4.11 所示。

表 4.11　亮度传感器扩展板用户接口定义

NC	NC	NC	NC	NC	NC	NC	NC	NC	NC	NC
2	4	6	8	10	12	14	16	18	20	22
1	3	5	7	9	11	13	15	17	19	21
VCC	NC	NC	NC	NC	NC	NC	NC	OUT	NC	GND

若将该传感器扩展板连接到带 CC2530EM 模块的 CC2530BB 节点电池底板的用户接口 P4 上，则该扩展板上的亮度输出信号 OUT 连接到 CC2530 的 P0.7。

注　将该传感器扩展板与 CC2530BB 节点电池底板连接时，一定要注意连接方向，即该传感器扩展板的用户接口的第 1 脚与 CC2530BB 节点电池底板用户接口的第 1 脚对应。

4.1.8　温/湿度传感器扩展板的选型与设计

1. 温/湿度传感器扩展板概览

温/湿度传感器扩展板(见图 4.20)，采用瑞士盛世瑞恩公司的 SHT10 单芯片传感器。该传感器是一款含有已校准数字信号输出的温/湿度复合传感器。它应用专利的工业 CMOS 过程微加工技术，确保产品具有极高的可靠性与卓越的长期稳定性。传感器包括一个电容式聚合体测湿元件和一个能隙式测温元件，并与 14 位的 A/D 转换器以及串行接口电路在同一芯片上实现无缝连接。每个 SHT10 传感器都在极为精确的湿度校验室进行校准。校准系数以程序的形式储存在 OTP 内存中，传感器内部在检测信号的处理过程中调用这些校准系数进行精确校准。

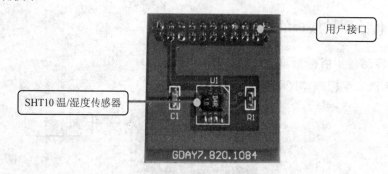

图 4.20　温/湿度传感器扩展板概览图

SHT10 的测量精度：

(1) 测湿精度[%RH]：±4.5。

(2) 测温精度[℃]在 25℃：±0.5。

2. 温/湿度传感器扩展板用户接口

温/湿度传感器扩展板带有一个 2×11 的排座，方便用户直接连接到 CC2530BB 节点电池底板或用户自己的目标板。

用户接口定义如表 4.12 所示。

表 4.12　温/湿度传感器扩展板用户接口定义

NC	NC	NC	NC	NC	NC	NC	NC	NC	NC	NC
2	4	6	8	10	12	14	16	18	20	22
1	3	5	7	9	11	13	15	17	19	21
VCC	SCK	NC	NC	NC	NC	NC	NC	DATA	NC	GND

　　若将该传感器扩展板连接到带有 CC2530EM 模块的 CC2530BB 节点电池底板的用户接口 P4 上，则该扩展板上 SHT10 的 SCK 由 CC2530 的 P0.0 控制，DATA 由 CC2530 的 P0.7 控制。

　　注　将该传感器扩展板与 CC2530BB 节点电池底板连接时，一定要注意连接方向，即该传感器扩展板的用户接口的第 1 脚与 CC2530BB 节点电池底板用户接口的第 1 脚对应。

4.1.9　三轴加速度传感器扩展板的选型与设计

1. 三轴加速度传感器扩展板概览

三轴加速度传感器扩展板概览图如图 4.21 所示。

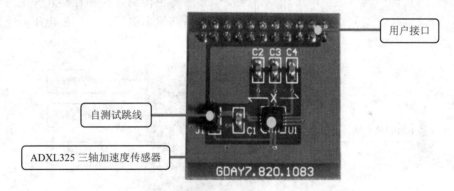

图 4.21　三轴加速度传感器扩展板概览图

　　Sensor-Accelerometer 三轴加速度传感器扩展板，采用 AD 公司的 ADXL325 芯片，它是一个小型低功耗的三轴加速度计，测量范围为±5g。它可应用于倾斜感应应用中的静态加速度测量，也可应用于运动、冲击或振动产生的动态加速度的测量。

2. 三轴加速度传感器扩展板用户接口

　　三轴加速度传感器扩展板带有一个 2×11 的排座，方便用户直接连接到 WSN500-CC2530BB 节点电池底板或用户自己的目标板。用户接口定义如表 4.13 所示。

表 4.13　三轴加速度传感器扩展板用户接口定义

NC	NC	NC	NC	NC	NC	NC	NC	NC	NC	NC
2	4	6	8	10	12	14	16	18	20	22
1	3	5	7	9	11	13	15	17	19	21
VCC	Xout	Yout	NC	NC	NC	NC	NC	Zout	NC	GND

若将该传感器扩展板连接到带有 WSN500-CC2530EM 模块的 WSN500-CC2530BB 节点电池底板的用户接口 P4 上，则该扩展板上 ADXL325 的 X 轴输出信号 Xout 连接到 CC2530 的 P0.0，Y 轴输出信号 Yout 连接到 CC2530 的 P0.1，Z 轴输出信号 Zout 连接到 CC2530 的 P0.7。

注　将该传感器扩展板与 WSN500-CC2530BB 节点电池底板连接时，一定要注意连接方向，即该传感器扩展板的用户接口的第 1 脚与 WSN500-CC2530BB 节点电池底板用户接口的第 1 脚对应。

三轴加速度传感器扩展板上带有一个自测试控制跳线 J1，当用跳线帽短路 J1 时，ADXL325 处于自测试状态。当供电电压为 3.6 V 时，X 轴输出信号的变化量大约为 −328 mV，Y 轴输出信号的变化量大约为 +328 mV，Z 轴输出信号的变化量大约为 +553 mV；当供电电压为 2 V 时，X 轴输出信号的变化量大约为 −56 mV，Y 轴输出信号的变化量大约为 +56 mV，Z 轴输出信号的变化量大约为 +95 mV。

4.1.10　广谱气体传感器扩展板的选型与设计

1．广谱气体传感器扩展板概览

广谱气体传感器扩展板(见图 4.22)，采用热线型半导体气敏元件对天然气、液化气、煤气、烷类等可燃性气体进行浓度检测。该气敏传感器由检测元件和补偿元件配对组成电桥的两个臂，遇可燃性气体时检测元件电阻减小，桥路输出电压变化，该电压变化随气体浓度增大而成比例增大，补偿元件起参比及温度补偿作用。

图 4.22　广谱气体传感器扩展板概览图

2．广谱气体传感器扩展板用户接口

广谱气体传感器扩展板带有一个 2×11 的排座，方便用户直接连接到 WSN500-CC2530BB 节点电池底板或用户自己的目标板。

用户接口定义如表 4.14 所示。

表 4.14　广谱气体传感器扩展板用户接口定义

NC	NC	NC	NC	NC	NC	NC	NC	NC	NC	NC
2	4	6	8	10	12	14	16	18	20	22
1	3	5	7	9	11	13	15	17	19	21
VCC	NC	NC	NC	NC	NC	BUZ	LED	OUT	NC	GND

若将该传感器扩展板连接到带有 WSN500-CC2530EM 模块的 WSN500-CC2530BB 节点电池底板的用户接口 P4 上，则该扩展板上报警蜂鸣器 BUZ 连接到 CC2530 的 P0.5，报警 LED 灯连接到 CC2530 的 P0.6，检测输出信号 OUT 连接到 CC2530 的 P0.7。

　　注　将该传感器扩展板与 WSN500-CC2530BB 节点电池底板连接时，一定要注意连接方向，即该传感器扩展板的用户接口的第 1 脚与 WSN500-CC2530BB 节点电池底板用户接口的第 1 脚对应。

4.1.11　大气压力传感器扩展板的选型与设计

1．大气压力传感器扩展板概览

WSN500-Sensor-Pressure 大气压力传感器扩展板(见图 4.23)，采用精量电子的 1451 型表面贴装硅压阻式传感器，该传感器体积小、质量轻，广泛用于大气测量、高度测量、医疗仪器及轮胎压力测量。

图 4.23　大气压力传感器扩展板概览图

2．大气压力传感器扩展板用户接口

1451 型传感器为绝压类型，量程为 0～30 psi，带有引压接口，方便用户进行测量。大气压力传感器扩展板带有一个 2×11 的排座，方便用户直接连接到 WSN500-CC2530BB 节点电池底板或用户自己的目标板。

用户接口定义如表 4.15 所示。

表 4.15　大气压力传感器扩展板用户接口

NC	NC	NC	NC	NC	NC	NC	NC	NC	NC	NC
2	4	6	8	10	12	14	16	18	20	22
1	3	5	7	9	11	13	15	17	19	21
VCC	NC	NC	NC	NC	NC	NC	NC	OUT	NC	GND

　　若将该传感器扩展板连接到带有 WSN500-CC2530EM 模块的 WSN500-CC2530BB 节点电池底板的用户接口 P4 上，则该扩展板上压力检测输出信号 OUT 连接到 CC2530 的 P0.7。

　　注　将该传感器扩展板与 WSN500-CC2530BB 节点电池底板连接时，一定要注意连接方向，即该传感器扩展板的用户接口的第 1 脚与 WSN500-CC2530BB 节点电池底板用户接口的第 1 脚对应。

4.2 系统软件开发平台

系统软件开发平台包含以下软件：开发工具(IAR Embedded Workbench，SmartRF Flash Programmer，SmartRF Studio，Packet Sniffer，Z-Tool，Z-Converter，Wireless sensor Network Monitor，串口调试助手)；ZigBee2007 兼容协议栈(ZigBee2007 兼容协议栈：Z-Stack V2.2.0)；驱动程序(WSN500-CC Debugger 多功能仿真器驱动程序)。目前，节点系统开发多采用 TI 公司新一代 SoC 级芯片 CC2530 作为核心模块设计，并实现了硬件节点，其节点结构如图 4.24 所示。

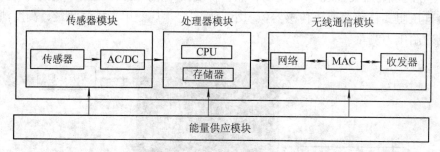

图 4.24 节点结构

传感器节点由传感器模块、处理器模块、无线通信模块和能量供应模块四个部分组成。其中，传感器模块采集监测环境信息，并通过 AC/DC 转换成处理器可以处理的数据；处理器模块是传感器节点的核心部分，它的功能是实现对节点的操作，并对节点接收到的数据进行处理及存储等；无线通信模块的功能是实现对节点的信息控制、数据收发和无线通信；能量供应模块的功能是提供节点工作所需能量。协调器节点、参考节点、运动定位节点的硬件结构是相同的，只是软件部分编程不同。

CC2530 是由 TI 推出的一个真正用于 IEEE802.15.4、ZigBee 和 RF4CE 应用的片上系统解决方案。它集成了业界领先的高性能 RF 收发器、增强型 8051MCU、在系统可编程 256 KB 的 Flash 以及 8 KB 的 RAM 等许多强大功能。CC2530 能够以非常低的成本建立强大且稳定的网络，所以其非常适合应用于低功耗的系统。CC2530 有 CC2530 F32/64/128/256 四个 Flash 版本，其 Flash 存储器分别为 32/64/128/256KB。CC2530 的一些特性如下：

(1) 2.4 GHz IEEE802.15.4 兼容 RF 收发器。

(2) 极高的接收灵敏度和抗干扰性能。

(3) 支持硬件调试。

(4) IEEE802.15.4 MAC 定时器，3 个通用定时器(1 个 16 位，2 个 8 位)。

(5) 提供数字化的接收信号强度指示器(RSSI)/链路质量指示(LQI)。

(6) 高级加密标准(AES)安全协处理器。

(7) 2 个 USART 支持多种串行通信协议。

(8) 8 路可配置的 12 位 ADC。

CC2530 具有多种工作模式，在不同的模式下启用的组件数量不同，从而满足了低功耗的要求。CC2530 在消费电子、家庭/楼宇自动化、ZigBee 系统(256 KB Flash)、远程控制、医疗保健等领域起到了很好的应用。其内部结构框图如图 4.25 所示。

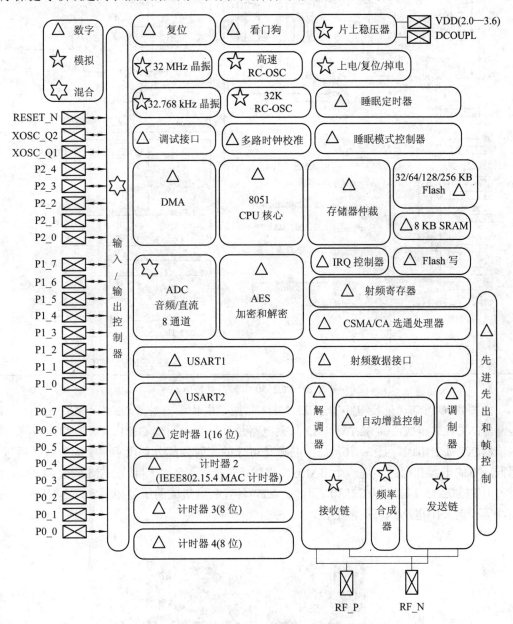

图 4.25　CC2530 内部结构框图

从图 4.25 可以看出，CC2530 只需要外接少数元件便可以实现简单的应用，包括射频输入/输出匹配电路、晶振时钟电路、接口电路。CC2530 通过在外围增加了一些简单电路实现了射频功能。如果对节点的发射功率有特别的要求，比如对传输距离较远的网络，需要对节点增加功放功能的芯片才能实现远距离传输。CC2530 引脚及外接电路如图 4.26 所示。

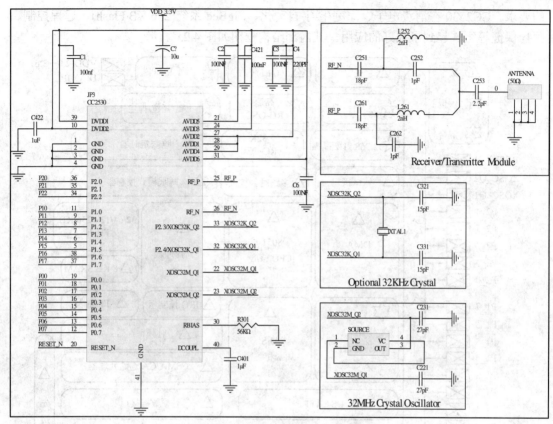

图 4.26　CC2530 引脚及外接电路

　　由图 4.26 可知，外接电路中的 32 MHz 晶振是由负载电阻器 C221，C231 和 32 MHz 振荡器(XTAL1)组成，而 32.768 kHz 晶振电路是由负载电阻器 C321，C331 和 32.768 kHz 振荡器(XTAL2)组成，且 32.768 kHz 晶振是可选的。射频部分使用不平衡的天线，通过采用低成本的电容和电感实现一个 BALUN 来优化性能，其工作频率为 ISM 频段的 2.4G 上，兼容 IEEE802.15.4 标准。CC2530 芯片(见 4.27)具有高度集成的压控振荡器，仅需匹配晶振、天线等少量外围电路即可正常工作。

图 4.27　CC2530 芯片实物图

节点电池底板模块是 CC2530 节点模块与传感器模块的载体，并为其提供工作电源。此外还有以下功能：

(1) 引出 CC2530 所有可用的 I/O 端口，便于连接外部设备。

(2) DeBug 接口，便于程序下载与协议分析。

(3) Joystick 5 向按键、RemoTI 专用按键、4 色 LED 功能及状态显示。

(4) 板载 256 KB Flash，便于节点软件空中升级。

当节点作为协调器使用时，需要用串口线将协调器节点与上位机连接，实现信息的收发。协调器节点底板上的串口转换电路采用 MAX3232 双通道转换芯片，将 TTL 或 CMOS 电平转换成 RS232 电平发到串行链路上，工作电压为 3～5.5 V。节点电池底板实物图如图 4.28 所示。CC2530 节点实物图如图 4.29 所示。

图 4.28　节点电池底板实物图

图 4.29　CC2530 节点实物图

4.3　无线传感器网络应用系统开发

本节构建的无线传感器网络运动节点定位实验系统采用基于 ZigBee 技术的 RSSI 测距定位原理，整个定位实验系统结构如图 4.30 所示。由图 4.30 可知，本系统中有三种类型的设备：协调器节点、参考节点和运动节点。协调器在整个网络中起着非常重要的作用，它是网络的建立者，用于连接网络中的终端节点，负责整个网络的管理和配置，同时将接收到的终端节点数据传送到上位机软件进行处理与显示。参考节点的位置是不变的，自身坐标已知，用于接收运动节点发送的带有 RSSI 信息数据包，然后将自身坐标值和 RSSI 值发送给运动定位节点用于坐标计算。运动节点是用于定位的节点，位置是变化的，其根据参考节点反馈的 RSSI 值采用一定地定位算法计算自身的坐标，并将包含自身坐标值的数据包发送给协调器进行处理。

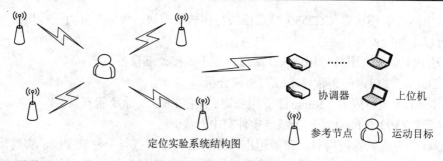

图 4.30 定位实验系统总体结构

无线传感器网络运动节点定位实验系统由两大部分组成：硬件部分和软件部分。硬件部分提供了运动节点定位所需的硬件平台，是整个定位网络的基础。而软件部分又分为节点软件部分和上位机软件部分。节点软件部分主要实现网络建立、数据处理以及坐标计算等；上位机软件通过串口接收和发送相关定位指令，对参考节点坐标及运动节点参数 A，n 进行配置，并实现运动定位节点坐标的动态显示。

在整个 ZigBee 网络中协调器节点是至关重要的，首先，协调器是 ZigBee 无线传感器网络的发起者，它是沟通无限传感器网络和客户端的桥梁。客户端通过协调器节点向网络发送定位相关的控制指令和配置数据。其次协调器搜集 ZigBee 网络中的信息并通过串口发送到客户端进行处理与显示。协调器工作流程如图 4.31 所示。

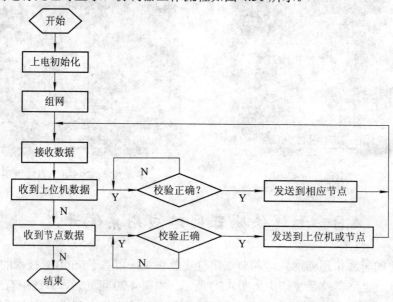

图 4.31 协调器工作流程

在基于 ZigBee 网络的定位系统中，协调器节点、参考节点和定位节点三种设备之间的指令交互起着重要的作用，每一条指令都包含重要的信息，控制着整个网络系统的流程。整个定位系统数据收发过程如图 4.32 所示。

由图 4.32 可知，ZigBee 协调器节点上电复位并建立好网络后，参考节点作为路由节点加入这个网络，协调器为其分配一个 16 位的网络地址，参考节点自动发送参数给协调器以查询获得的网络地址。参考节点经协调器发送坐标配置请求(未分配坐标值之前默认坐标为

0xFF)，上位机根据参考节点 ID 配置参考节点坐标并经串口发送到协调器，然后协调器转发到相应参考节点。运动定位节点作为终端节点加入网络，协调器为其分配一个 16 位的网络地址，运动定位节点自动发送参数到协调器以获取网络地址。运动定位节点经协调器发送定位所需要的环境参数 A，n 配置请求，上位机根据运动定位节点 ID 配置环境参数并经串口发送到协调器，然后协调器转发到相应定位节点。协调器节点为各种节点设备分配好网络地址和定位参数后，就开始以广播的形式发送定位请求信号。运动定位节点在收到定位请求命令后，会广播一系列 RSSI 值，在其一跳范围内的参考节点会接收到该定位请求数据包。由上文可知，为了消除干扰、提高定位精度，参考节点会多次接收 RSSI 值，然后经过滤波处理后再取平均值作为最后的 RSSI 值，最后将运动节点定位所需要的坐标及 RSSI 值按照一定的数据格式发送给运动节点。当运动节点收到一定数量(超过阈值 k)的值后就停止接收信息，并根据接收到的参考节点坐标值、RSSI 值以及定位参数 A，n，结合修正权值三角质心算法计算出运动节点坐标，并将坐标值发送到协调器，由协调器经串口发送到上位机进行处理与坐标显示。

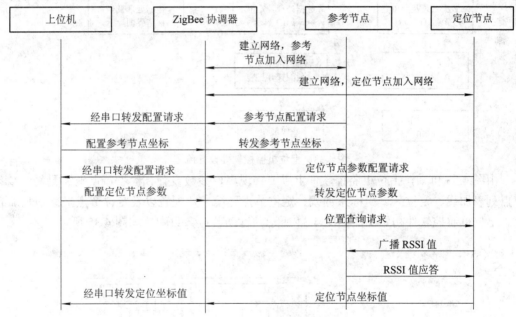

图 4.32 实验系统数据收、发流程

上位机监控软件开发环境为 Linux 操作系统，采用 Qt 软件开发。这样可以将上位机软件移植到开发板、手机等移动终端上，方便用户对运动目标的定位。由于协调器通过串口传送到上位机监控软件中的数据都以十六进制显示，所以在上位机监控软件中要对接收的数据帧进行参数提取并处理，以十进制的形式在上位机界面中显示。同时上位机监控软件要将对参考节点和运动定位节点进行参数配置的指令定义成 ZigBee 网络默认的数据格式。本节将对上位机监控软件的设计过程以及数据帧格式做详细介绍。

4.3.1 上位机监控软件总体设计

上位机监控软件利用 C++ 编写完成，其主要实现两个功能：定位工程管理和定位信息处理。定位工程管理实现参考节点坐标设置和运动节点定位环境参数设置；定位信息处理主要实现数据帧的接收与处理并在界面显示。上位机监控软件设计流程如图 4.33 所示。

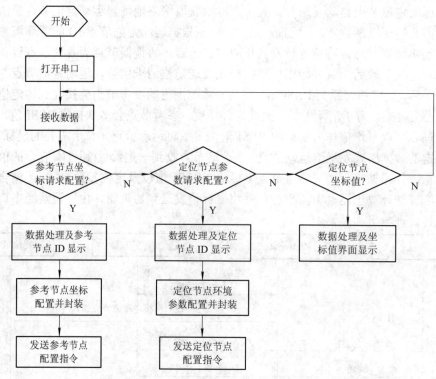

图 4.33　上位机监控软件设计流程

由图 4.33 可知，上位机监控软件上主要实现串口参数设置、参考节点坐标配置、参考节点列表加载、定位区域坐标系加载、定位节点环境参数配置以及定位节点坐标列表加载等。上位机监控软件初始画面如图 4.34 所示。运动节点参数配置如图 4.35 所示。

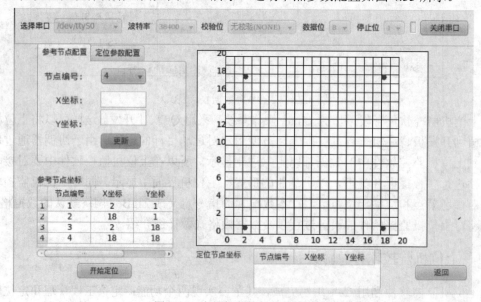

图 4.34　上位机监控软件初始画面

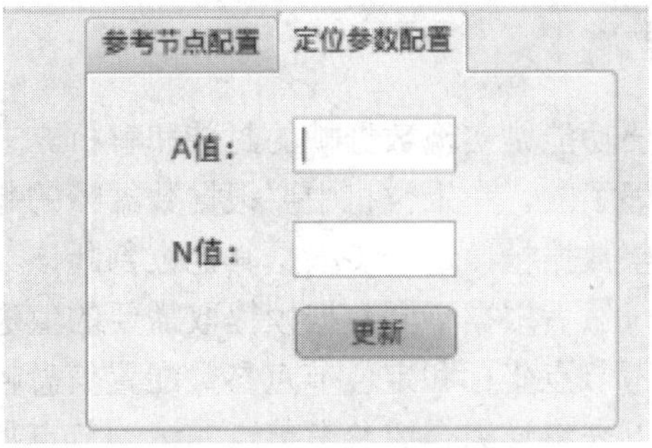

图 4.35　运动节点参数配置

1. 串口参数配置

串口参数设置主要实现对串口号、波特率、校验位、数据位和停止位的配置，本定位实验系统中串口选择 COM1，波特率为 38 400 b/s，校验位为默认的无校验，数据位为 8bit，停止位为 1bit。当参数选择好后打开串口，便可实现串口数据的接收与发送。当定位实验结束后关闭串口，即可结束串口数据的收发。

2. 参考节点坐标配置

参考节点事先部署在某个区域，且位置不变。在定位过程中参考节点接收运动节点发送的信号强度值并与自身坐标一起返回给运动节点，为运动节点的坐标计算提供 RSSI 值和参考坐标值。当参考节点加入网络后，会发送坐标配置指令到上位机，上位机接收并解析指令将参考节点 ID 加入参考节点编号列表框中，此时从参考节点编号下拉框中选择需要配置的节点 ID 号，输入配置的 X，Y 坐标值，然后点击更新，当前参考节点坐标值将通过串口发送到协调器，同时坐标将显示在参考节点坐标列表中和坐标系中。图中红色标记为参考节点坐标。

3. 参考节点坐标列表

此列表将显示定位区域中部署的所有参考节点坐标值，方便对参考节点坐标值的查询。

4. 定位区域坐标系

定位坐标系清楚地显示定位区域内参考节点的分布情况，并将从串口解析到的运动节点坐标值实时显示在坐标系中，这样能够更加直观地观察到运动节点的实时位置。

5. 定位节点环境参数配置

由上文可知，单位距离信号强度值 A 和环境因子 n 对运动节点定位坐标值起着重要作用，并且不同环境下(A，n)值不同。为此，实验中要根据不同定位环境配置不同的(A，n)值。

6. 定位节点坐标列表

定位节点坐标列表显示当前实时更新的运动节点坐标值及之前某段时间内的坐标值。当点击"显示"按钮时，坐标系将显示某段时间内运动节点移动的轨迹。

本课题设计的是一个分布式 ZigBee 无线传感器网络定位实验系统，运动节点坐标值的计算是在自身处理器中实现，计算完成后将得到的坐标值发送给协调器，上位机监控软件通过串口接收协调器发送来的数据并解析出(X，Y)坐标值，最后在坐标系和定位节点坐标列表中直观的显示。

4.3.2 串口信息帧处理

串口信息帧处理的主要功能是实现数据帧的封装和解析。首先，上位机接收到协调器发来的数据帧是已经封装好了的，在上位机中要根据数据帧的起始和结束位判断一个完整的数据帧；而对得到的完整数据帧，进一步根据其他位判断该数据帧是参考节点坐标配置帧还是运动节点坐标帧等，然后根据不同数据帧提取需要的值进行处理或显示；其次，通过串口发送给协调器的参考节点坐标和定位节点参数配置信息帧要封装为 ZigBee 网络能够识别的帧格式。本节接下来将详细介绍参考节点、运动节点加入网络后发送给上位机的数据帧格式与处理过程，以及参考节点、运动节点相关配置流程和配置指令。

整个定位实验系统中各个节点加入网络后，陆续将存储在 Flash 中的信息发送到协调器，由协调器通过串口转发到上位机监控软件等待处理。一条完整的数据帧包括数据起始位和结束位，上位机接收到的数据帧是十六进制形式的，为了便于阅读，首先要将其转换为十进制形式。一条完整的数据帧要根据帧头判断该数据帧是参考节点坐标配置帧还是运动节点坐标帧。根据节点数据帧帧头的不同，提取不同数据信息进行处理与显示。接下来，将对上位机中涉及的数据帧格式以及数据帧的解析与封装进行详细的介绍。

串口从协调器读取参考节点坐标请求配置数据帧格式如表 4.16 所示。

表 4.16　参考节点坐标请求配置数据帧格式

数据	FB	EE	03	00	00	
意义	帧头	预留	节点编号	X 坐标值	Y 坐标值	校验位

运动节点定位参数请求配置数据帧格式如表 4.17 所示。

表 4.17　运动节点定位参数请求配置数据帧格式

数据	FB	EE	01	03	06	
意义	帧头	预留	节点编号	X 坐标值	Y 坐标值	校验位

参考节点坐标请求配置及运动节点定位参数请求配置数据帧的接收及解析部分代码如下：

```
QByteArray *pPacket;
QByteArray temp=myCom->readALL();            //读串口数据并存入数组
If(temp.length()>0)    //判断数据长度
{
    QString string(temp.toHex().toUpper());    //将接收到的十六进制数据转换为字符串
    If(string.mid(0.2)=="FB" &&string.mid(6，2)=="00" &&string.mid(8.2)=="00")
                                               //判断是否是参考节点坐标配置数据帧
    {                                          //将参考节点 ID 加入参考节点编号列表中
        Ui->NodeIdComboBox->addItem(string.mid(4，2));
    }
    Else if(string.mid(0，2)=="FB")            //判断是否是运动节点定位参数配置数据帧
```

```
        {
            NodAdd=string.mid(4，2);                //提取数据帧中节点 ID
            Xtab=string.mid(6，2);                  //X 坐标
            Ytab=string.mid(8，2);                  //Y 坐标
        }
    }
```

以上数据帧处理完后，等待上位机配置。配置完成后，上位机要将参考节点或定位节点配置指令封装成 ZigBee 网络默认的命令格式，然后通过串口发送到 ZigBee 网络。节点参数配置指令流程如图 4.36 所示。

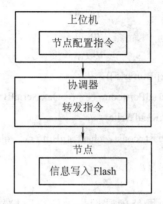

图 4.36　节点参数配置指令流程

其中，参考节点坐标配置数据帧格式如表 4.18 所示。

表 4.18　参考节点坐标配置数据帧格式

数据	FA	01	IdName	Xlab	Ylab	
意义	帧头	帧类型	节点编号	X 坐标值	Y 坐标值	校验位

参考节点坐标配置数据帧封装部分代码如下：

```
Unsigned char pBuffer[6];                //定义一个字符型数组
pBuffer[0]=0xFA;                         //帧头
pBuffer[1]=0x01;                         //帧类型
pBuffer[2]=IdName;                       //参考节点编号
pBuffer[3]=XLab;                         //X 坐标值
pBuffer[4]=YLab;                         //Y 坐标值
pBuffer[5]=0x01;                         //数据长度
pBuffer[6]=CreateCrc(3，&pBuffer[1]);    //
myCom=new Posix_QextSerialPort(com_Num，QextSerialBase::Polling);    //
myCom->open(QIODevice::ReadWrite);       //
myCom->write(reinterpret_cast<const，char*>(pBuffer)，(qint64)sizeof(pBuffer));    //
```

该命令是对参考节点坐标值的单一配置，运动节点参数配置数据帧格式如表 4.19 所示。

表 4.19　运动节点参数配置数据帧格式

数据	FA	02	03	Avalue	Nvalue	
意义	帧头	帧类型	节点编号	A 值	N 坐标值	校验位

运动节点定位参数配置数据帧封装部分代码如下：

```
Unsigned char pBuffer[6];                //定义一个字符型数组
pBuffer[0]=0xFA；                         //帧头
pBuffer[1]=02；                           //帧类型
pBuffer[2]=IdName；                       //运动节点编号
pBuffer[3]=Avalue；                       //A 值
pBuffer[4]=Nvalue；                       //N 值
pBuffer[5]=0x01；                         //数据长度
pBuffer[6]=CreateCrc(3，&pBuffer[5]); //
myCom=new Posix_QextSerialPort(com_Num，QextSerialBase::Polling)；//
myCom->open(QIODevice::ReadWrite)；//
myCom->write(reinterpret_cast<const，char*>(pBuffer)，(qint64)sizeof(pBuffer))；//
```

4.3.3　下位机软件的设计

　　下位机软件中定位相关的数据处理过程与上位机监控软件中数据处理过程相似，比如，首先要打开串口从缓存中读数据，根据数据帧头判断该数据帧是参考节点坐标配置帧还是定位参数 A，n 值配置帧等，然后根据不同的数据帧提取需要的数据进行处理；其次，还要将通过协调器转发给串口的数据封装成上位机能够解析的帧格式。下位机中相关指令流程图如图 4.37 所示。

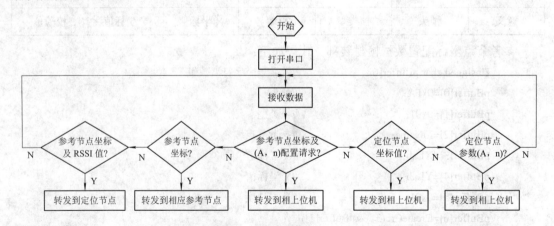

图 4.37　下位机相关指令流程

　　协调器节点通过串口接收上位机监控软件发送的参考节点坐标配置指令、运动节点定位请求指令及环境参数 A，n 值指令等，然后将这些指令转发到相应的传感器节点。协调器节点转发上位机指令到各节点数据帧格式如表 4.20 所示。

表 4.20 协调器节点转发上位机指令到各节点数据帧格式

数据	FFFF	2	5	ppData	0	0	0
意义	目的地址	命令 ID	数据长度	发送的数据指针	指示发送请求	是否有返回值	最大跳数

协调器接收串口数据并处理部分代码如下：

```
void uartRxCB()
{
    unit8 pBuf[];
    unit16 cmd，cmdx；
    if (event != HAL_UART_TX_EMPTY)
    {
        len =HalUARTRead( HAL_UART_PORT_0, pBuf, RX_BUF_LEN);
        if (len>0)
        {
            cmd=BUILD_UINT16(pBuf[SYS_PING_CMD_OFFSET+1], pBuf[SYS_PING_
                CMD_OFFSET]);
            cmdx=pBuf[1];
            switch((int)cmdx)
            {
                case 1：                              //参考节点坐标配置
                    ppData[0]=0xFA；                  //指定节点类型
                    ppData[1]= pBuf[2]；              //参考节点 ID
                    ppData[3]= pBuf[3]；              //X 坐标值
                    ppData[4]= pBuf[4]；              //Y 坐标值
                    ppData[5]= calsFCS(ppData, 4)；   //CRC 校验
                    zb_SendDataRequest(0xFFFF, SENSOR_REPORT_CMD_ID, 5,
                        ppData, 0, 0, 0);
                    break；
                case 2：                              //环境参数 A，n 配置
                    ppData[0]=0xFB；                  //指定节点类型
                    ppData[1]=pBuf[2]；              //运动节点编号
                    ppData[3]=pBuf[3]；              //参数 A
                    ppData[4]=pBuf[4]；              //参数 n
                    ppData[5]= calsFCS(ppData, 4)；   //CRC 校验
                    zb_SendDataRequest(0xFFFF, SENSOR_REPORT_CMD_ID, 5,
                        ppData, 0, 0, 0);
```

```
                break;
            }
        }
    }
}
```

运动定位节点向周围广播信号能量指令数据帧格式如表 4.21 所示。

表 4.21　运动定位节点向周围广播信号能量指令数据帧格式

数据	0000	2	6	pData	0
意义	接收源地址	命令 ID	数据长度	数据串	信号能量值

各节点接收数据处理函数如下：

```
void zb_ReceiveDataIndication(uint16 source,uint16 command,uint16 len,uint8 *ppData,uint8 rssi)//
{
    #ifdef SENSOR_AM
    if(ppData[0]==0xFC && ppData[1]==0xAA)
    {
        rssi_Save=rssi; //
        source_save=source; //
        sendReport_v2(); //
    }
    elseif(ppData[0]==0xFA)
    {
        locate_X==ppData[3];
        locate_Y==ppData[4];
    }
    #elif defined SENSOR_UN
    if(ppData[0]==0xFB)
    {
        switch(ppData[2])
        {
            case1:
            xlable1=ppData[3];
            ylable=ppData[4];
            rssi1=ppData[5];
            break;
            ……
        }
    }
}
```

在定位过程中,参考节点向协调器发送自身坐标值与 RSSI 值的数据格式如表 4.22 所示。

表 4.22　参考节点向协调器发送自身坐标值与 RSSI 值的数据格式

数据	0000	2	6	pData	0	0/1	0
意义	目的地址	命令 ID	数据长度	发送的数据指针	指示发送请求	是否有返回值	最大跳数

参考节点发送指令部分代码如下:

```
#ifdef SENSOR_AM
unit8 *pData;
pData[0]=0xFB;                    //帧头
pData[1]=0xEE;                    //预留
pData[2]=NodeId;                  //参考节点编号
pData[3]=locate_X;               //参考节点 X 坐标
pData[4]=locate_Y;               //参考节点 Y 坐标
pData[5]=rssi_Save;              //RSSI 值
zb_SendDataRequest(0x0000, 2, 6, pData, 0, 0, 0); //数据按格式发送到协调器
#endif
```

运动定位节点向协调器发送自身坐标数据帧格式以及向周围参考节点广播信号能量数据帧格式与参考节点相同,只是发送的数据和广播的地址不同而已,这里不再赘述。

4.3.4　数据库设计与系统实现

为了方便对定位实验系统历史工作状态的查询,将实验中采集到的运动节点坐标值保存到数据库中。采用针对嵌入式产品设计的 Sqlite3 数据库,支持 Windows/Linux/Unix 等主流操作系统。其优点是占用资源少,在嵌入式设备中只需要几百千字节的内存就足够了。

实验选取实验楼大厅作为实验场地,场地范围为 18 m×18 m。实验基于 ZigBee 无线传感器网络平台,测试设备由一台笔记本电脑、6 个 CC2530 节点(带三脚架)、一条串口线组成。笔记本作为上位机通过串口线与协调器节点连接。其中,有 1 个 CC2530 节点作为协调器节点,1 个 CC2530 节点作为运动定位节点,4 个 CC2530 节点作为参考节点。由上一节可知,为避免地面对信号传输的影响,所有节点距离地面高度为 80 cm。

在定位区域的 4 个顶角部署参考节点,参考节点位置分别为(1,1),(18,1),(1,18),(18,18)。在定位过程中,运动节点会接收到 4 个参考节点发来的 RSSI 值,运动节点会根据 RSSI 值的大小选择 RSSI 值最大的三个作为计算距离的值,这样避免了远距离参考节点对定位坐标计算带来的误差。同时,为了能够准确获得运动节点坐标值与实际坐标值之间的差值,便于结果分析,实验中运动节点在几个已知位置移动,通过对不同定位算法测量得到的结果与实际坐标进行比对,来测试本文算法的效果。

设备部署好后,给所有节点上电复位,此时协调器节点红灯闪烁,说明 ZigBee 网络已建立。参考节点与运动节点会搜索此网络并加入网络,与协调器绑定,当参考节点和运动定位节点上的绿灯和红灯同时闪烁,说明各节点已经加入协调器建立的 ZigBee 网络并发送数据。此时打开上位机监控软件中的串口连接,对加入网络的参考节点进行坐标配置,对

运动定位节点所需的环境参数 A，n 值进行配置。为了获得每个位置处定位节点的稳定值，减小环境带来的偶然性，每个位置处的节点定位 10 遍，取平均值作为最终的定位坐标。定位结果如图 4.38 所示。图中，红色点为参考节点位置，绿色点为运动节点坐标。

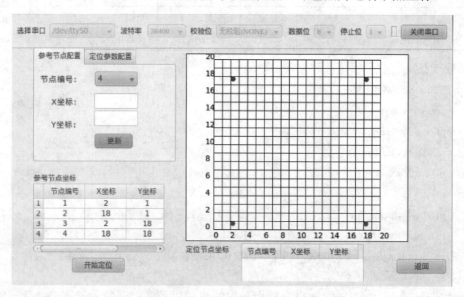

图 4.38　定位结果

表 4.23 是定位实验系统一组实际测量数据，经过对改进前的测量数据与改进后的测量数据进行对比，可以明显观察到改进后的定位效果。为了能够更加直观地比较定位算法改进前、后的效果，对定位误差进行详细分析，本文引入均方根误差算法以得到各个定位点的误差值。

表 4.23　定位实验系统一组实际测量数据

实际坐标	本文改进前算法	误差 1	本文改进后算法	误差 2
(3, 3)	(4.36, 5.39)	(1.06, 2.39)	(3.96, 4.14)	(0.96, 1.14)
(5, 5)	(7.37, 7.87)	(2.37, 2.87)	(6.12, 5.90)	(1.12, 0.90)
(7, 10)	(9.06, 12.24)	(2.06, 2.24)	(8.49, 11.35)	(1.49, 1.35)
(8, 8)	(10.04, 10.16)	(2.04, 2.16)	(9.44, 9.16)	(1.44, 1.16)
(10, 10)	(12.60, 11.73)	(2.60, 1.73)	(11.27, 10.93)	(1.27, 0.93)
(12, 12)	(14.14, 13.87)	(2.10, 1.87)	(13.17, 13.04)	(1.17, 1.04)
(14, 17)	(16.78, 19.49)	(2.78, 2.49)	(15.30, 18.11)	(1.30, 1.11)
(16, 16)	(18.67, 18.87)	(2.67, 2.87)	(17.17, 17.14)	(1.17, 1.14)
(16, 10)	(17.75, 12.87)	(1.75, 2.87)	(17.11, 10.99)	(1.11, 0.99)
(18, 18)	(20.11, 20.51)	(2.11, 2.51)	(19.33, 19.07)	(1.33, 1.07)

设运动节点实际坐标为(x_e, y_e)，通过定位算法计算得到的坐标为(x, y)，定位误差 E 由下式计算得到：

$$E = \sqrt{(x - x_e)^2 + (y - y_e)^2}$$

这样便得到定位算法改进前、后各个定位点处坐标值与实际坐标值间的误差曲线图，如图 4.39 所示。

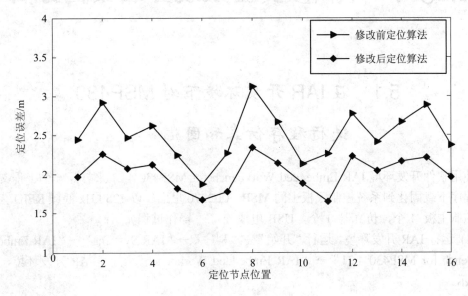

图 4.39　定位算法改进前、后误差曲线图

从表中坐标数据可以看出，改进前定位算法误差在 2.5 m 左右，而本文改进后的定位算法误差大大减小了，基本都在 2 m 左右，误差减小了近一倍。同时可知，当运动节点在参考节点覆盖的范围内部时，定位效果较好，当运动节点移动到定位范围边缘或外部时，定位误差会大大增加，得到的定位坐标值没有实际意义。因此，虽然改进后的定位算法在个别点处误差有所增大，但整体还是减小的，定位误差曲线总体趋于平缓，说明本文改进后的定位算法提高了定位精度，改善了定位效果。

表 4.24　两种算法定位平均误差

定位算法	定位平均误差/m
改进前定位算法	2.72
改进后定位算法	1.83

表 4.24 中的数据说明本文改进的定位算法比改进前定位算法的平均定位误差减小了将近 1 m，定位精度得到了很大提高。

思　考　题

1. 简述无线传感网络结构、组成、工作原理和技术实现。
2. 结合定位系统的开发，说明其开发原理和过程。

第 5 章　RFID 实验系统开发案例分析

5.1　在 IAR 开发环境下对 MSP430
进行程序仿真和固化

使用软件开发环境 IAR Embedded Workbench for MSP430 4.21 来打开一个工程文件，并将程序下载固化到系统控制底板上的 MSP430F2370 里面。以 125 kHz 低频 RFID 为例，选择控制主板 1 个，仿真器 1 个，USB 电缆 2 条。操作过程如下：

(1) 运行 IAR 开发环境。运行"开始"→"程序"→"IAR Systems"→"IAR Embedded Workbench for MSP430 4.21"→"IAR Embedded Workbench"，打开 IAR 开发环境，如图 5.1 所示。

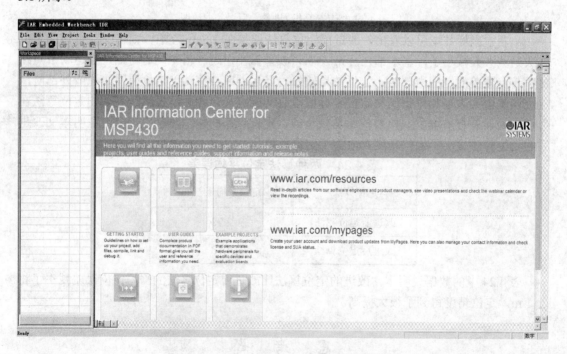

图 5.1　IAR 开发环境

(2) 打开一个已经建立好的工程文件。要打开一个已经建立好的工程文件，有以下两种方法。

方法一：依次选择"File"→"Open"→"Workspace"，如图 5.2 所示，弹出如图 5.3

所示的窗口。

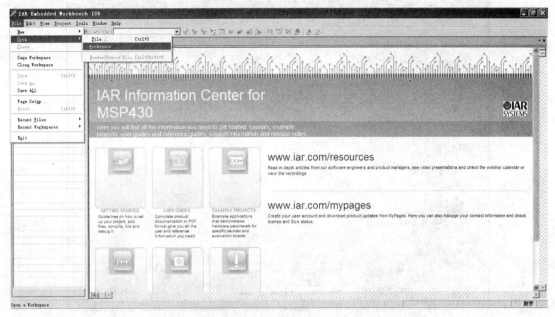

图 5.2　在 IAR 开发环境下建立工程文件

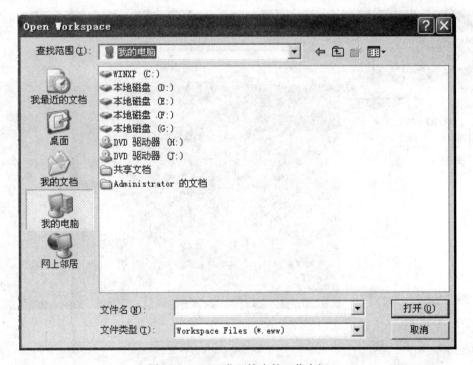

图 5.3　IAR 开发环境中的工作空间

　　选择要打开的工程，例如"RFID-125kHz-Demo.eww"，该工程位于"配套光盘/下位机代码/RFID-125 kHz-Demo"文件夹里，如图 5.4 所示。

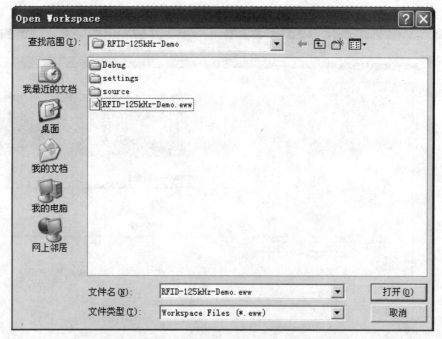

图 5.4　在 IAR 开发环境下打开一个工程文件

单击"打开"按钮，出现如图 5.5 所示的窗口。

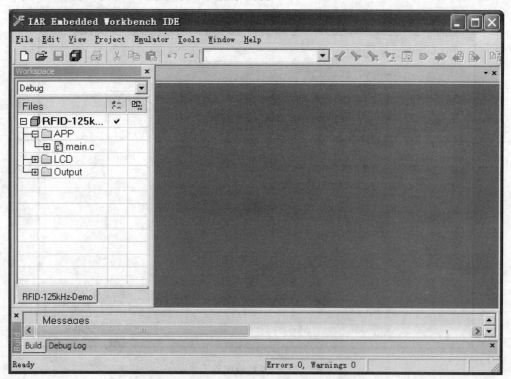

图 5.5　打开一个工程文件后的 IAR 开发环境

方法二：单击工具栏上的 📂 图标，弹出如图 5.6 所示的窗口。

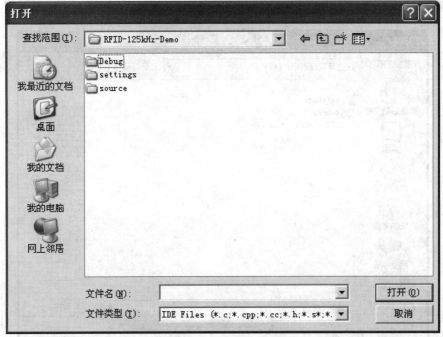

图 5.6 "打开"对话框

在文件类型的下拉列表中选择"Workspace Files(*.eww)",如图 5.7 所示。

图 5.7 选择文件类型

选择好要打开的文件类型后,会发现文件列表框里多出了"RFID-125 kHz-Demo.eww"

工程文件，选择该工程，如图 5.8 所示。

图 5.8　打开工程文件

单击"打开"按钮，出现如图 5.9 所示的窗口。

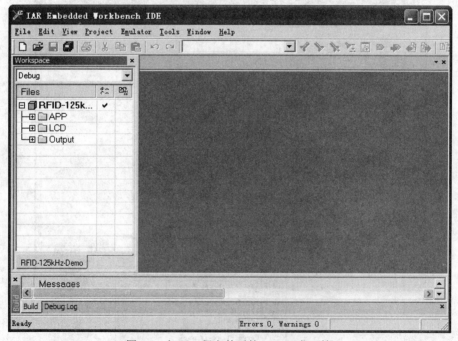

图 5.9　打开工程文件后的 IAR 开发环境

（3）查看主程序代码。单击工程文件列表里 APP 前面的 ⊞ 号，展开 APP 下的文件，双击 APP 文件夹下的 main.c 文件，即可查看 main.c 的主程序源代码，如图 5.10 所示。

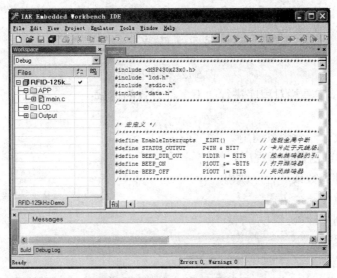

图 5.10　main.c 的主程序源代码

(4) 下载程序到控制主板上的 MSP430F2370 里面。

① 用 USB 线或 5 V 电源给系统控制主板供电。如果使用 USB 线供电，则将 Power Switch 的拨码开关拨到 USB 接口一侧；如果使用 5 V(DC)供电，则将 Power Switch 的拨码开关拨到 DC 口一侧。

② 用 14pin JTAG 线将仿真器和系统控制主板连接。

③ 用 USB 线将 PC 和仿真器连接。

④ 等待仿真器上的绿灯点亮。

⑤ 单击 IAR 开发环境上的 按钮或直接按下“Ctrl + D”组合键，将程序下载固化到 MSP430F2370 芯片里面。

程序下载完成后，自动跳入 IAR 开发环境，如图 5.11 所示。

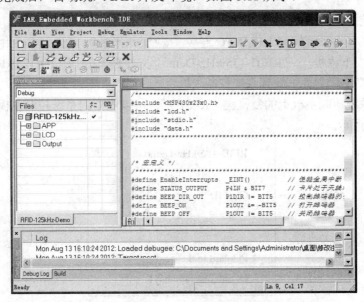

图 5.11　IAR 开发环境

可以发现，在 IAR 环境里多了如图 5.12 所示的一排工具按钮。

图 5.12　工具按钮

可以使用调试工具栏对程序进行如下多种方式的调试：

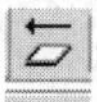

：复位。

：每步执行一个函数调用。

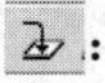

：进入内部函数或子程序。

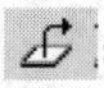

：从内部函数或子程序跳出。

：每次执行一个语句。

：运行到光标处。

：全速运行。

✖：停止调试。

(5)　运行程序。单击 IAR 开发环境里的 按钮或直接按下系统控制主板上的复位按键"RESET"即可运行刚才下载到系统控制主板上的程序。

5.2　低频 125 kHz LF RFID 寻卡(由单片机控制)

通过 MSP430F2370 对 RFID-125 kHz-Reader 进行控制，读取在读卡区域内的 ID 卡。需要系统控制主板 1 个，RFID-125 kHz-Reader 读卡器模块 1 个，125 kHz 卡片 2 张，仿真器 1 个，USB 电缆 2 条。具体过程如下：

(1)　将 RFID-125 kHz-Reader 模块正确安装在系统控制主板的 PI 插座上。

(2)　将系统控制主板上的拨码开关座 J102 和 J105 全部拨到 ON 挡，其他 4 个拨码开关座全部拨到 OFF 挡。

(3)　给系统控制主板供电(USB 供电或者 5 V(DC)供电)。

(4)　用仿真器将系统控制主板和 PC 连接，按照 5.1 节所述方法和步骤用 IAR 开发环境打开"配套光盘/下位机代码/RFID-125 kHz-Demo"文件夹下的"RFID-125 kHz-Demo.eww"工程文件，并将工程文件下载到系统控制主板上。

(5)　按下系统控制主板上的复位键"RESET"，可以观察到系统控制主板上的 LCD 显示，如图 5.13 所示。

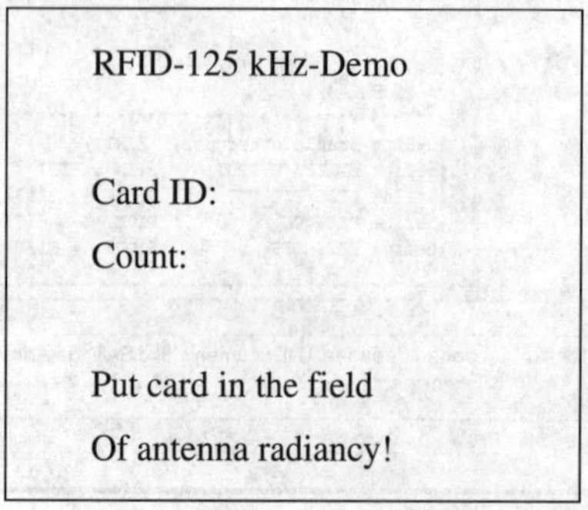

RFID-125 kHz-Demo

Card ID:

Count:

Put card in the field

Of antenna radiancy!

图 5.13　复位后 LCD 显示

(6) 将一张 125 kHz ID 卡片放在 125 kHz RFID 天线范围内，当 RFID-125 kHz-Reader 读卡器读取到卡片时，RFID-125 kHz-Reader 读卡器上的绿灯会点亮，系统控制主板上的蜂鸣器会发出蜂鸣声，液晶上显示所读取的 125 kHz ID 卡片的卡号和累计读卡次数，显示如图 5.14 所示。

```
RFID-125 kHz-Demo


Card ID:000393408
Count:0000000001


Detect Card Success!
```

图 5.14　读取的 125 kHz ID 卡卡号和累计读卡次数

(7) 将卡片从 125 kHz RFID 天线区域内拿开，RFID-125 kHz-Reader 读卡器上的绿灯熄灭，蜂鸣器停止蜂鸣，控制主板上的液晶显示，如图 5.15 所示。

```
RFID-125 kHz-Demo


Card ID:
Count:0000000001


Put card in the field
Of antenna radiancy!
```

图 5.15　拿开卡片后的显示

(8) 多次读取卡片，会发现液晶上的 Count 计数依次加 1，如果按下控制主板上的复位键，Count 计数又从 1 开始。

5.3　125 kHz LF RFID 寻卡实验(由 PC 控制)

通过 PC 的串口对 RFID-125 kHz-Reader 进行控制，读取在读卡区域内的 ID 卡卡号。需要系统控制主板 1 个，RFID-125 kHz-Reader 读卡器模块 1 个，125 kHz ID 卡片 2 张，USB 电缆 1 条。

具体过程如下：

(1) 将 RFID-125 kHz-Reader 模块正确安装在系统控制主板的 PI 插座上。

(2) 将系统控制主板上的拨码开关座 J101 和 J105 全部拨到 ON 挡，其他 4 个拨码开关座全部拨到 OFF 挡。

(3) 给系统控制主板供电(USB 供电或者 5 V(DC)供电)，用 USB 线连接系统控制主板和 PC。

(4) 运行 CHH-IOT-R GUI(125 kHz RFID).exe 软件，如图 5.16 所示。

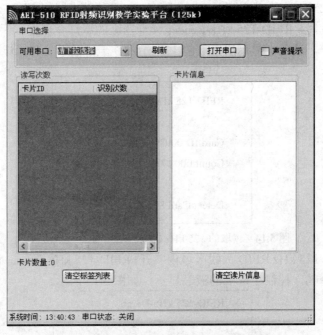

图 5.16　软件运行界面

(5) 选择系统控制主板上的串口所占用的串口号，单击"打开串口"按钮，出现如图 5.17 所示的界面。

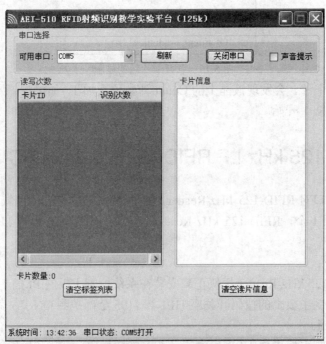

图 5.17　打开串口后的界面

(6) 将一张 125kHz ID 卡片放在 125 kHz RFID 天线范围内，当 RFID-125 kHz-Reader 读卡器读取到卡片时，RFID-125 kHz-Reader 读卡器上的绿灯会点亮，PC 端会发出系统声音(注意：如果软件上的声音提示选项选中了，则会有读卡声音；如果没有选或者用户 PC

上没有音频设备,则无读卡声音),软件上会显示卡片信息和读卡信息,如图 5.18 所示。

图 5.18 显示卡片信息和读卡信息

(7) 可以通过单击"清空标签列表"按钮和"清空读片信息"按钮将标签列表和信息框里的内容清空。清空标签列表后,标签数量重新从 0 开始计数。

5.4 高频 13.56 MHz HF RFID 脱机实验

通过 MSP430F2370 对 RFID-125 kHz-Reader 上的 TRF7960 进行控制,读取在 13.56 MHz RFID 模块读卡区域内的 ISO15693,ISO14443A 或 ISO14443B 卡片。需要系统控制主板 1 个,RFID-13.56 MHz-Reader 读卡器模块 1 个,ISO15693 卡片 2 张,ISO14443A 卡片 2 张,仿真器 1 个,USB 电缆 2 条。具体过程如下:

(1) 将 RFID-13.56 MHz-Reader 模块正确安装在系统控制主板的插座上。

(2) 将系统控制主板上的拨码开关座 J101 和 J103 全部拨到 ON 挡,其他 4 个拨码开关座全部拨到 OFF 挡。

(3) 给系统控制主板供电(USB 供电或者 5 V(DC)供电)。

(4) 用仿真器将系统控制主板和 PC 连接,按照 5.1 节所述方法和步骤用 IAR 开发环境打开"配套光盘/下位机代码/RFID-13.56MHz-Demo"文件夹下的"RFID-13.56 MHz-Demo.eww"工程文件,并将工程文件下载到系统控制主板上。

(5) 将仿真器从系统控制主板上拔掉,按下系统控制主板上的复位键"RESET",可以观察到系统控制主板上的 LCD 显示,如图 5.19 所示。

RFID-13.56 MHz-Demo

图 5.19　复位后的 LCD 显示

(6) 将一张 ISO15693 协议卡片放在 13.56 MHz RFID 天线范围内，当 13.56 MHz 读卡器读取到卡片时，系统控制主板上的 ISO15693 协议指示灯蓝色 LED 灯(D5)会点亮，系统控制主板上的蜂鸣器会发出蜂鸣声，液晶上显示找到 ISO15693 协议卡片和该卡片的 UID 卡号，如图 5.20 所示。

RFID-13.56 MHz-Demo

ISO15693 Found
UID:E00700002FCFB889

图 5.20　ISO15693 协议卡片和 UID 卡号

(7) 将 ISO15693 协议卡片从 13.56 MHz 读卡器天线区域内拿开，系统控制主板上的蓝色 LED 灯(D5)熄灭，蜂鸣器停止蜂鸣，控制主板上的液晶恢复显示，如图 5.19 所示。

(8) 将一张 ISO14443A 协议卡片放在 13.56 MHz 读卡器天线范围内，当 13.56 MHz 读卡器读取到卡片时，系统控制主板上的 ISO14443A 协议指示灯绿色 LED 灯(D6)会点亮，系统控制主板上的蜂鸣器发出蜂鸣声，液晶上显示找到 ISO14443A 协议卡片，如图 5.21 所示。

RFID-13.56 MHz-Demo

ISO14443A Found

图 5.21　找到 ISO14443A 协议卡片的液晶显示

(9) 将 ISO14443A 协议卡片从 13.56 MHz 读卡器天线区域内拿开，系统控制主板上的绿色 LED 灯(D6)熄灭，蜂鸣器停止蜂鸣，控制主板上的液晶恢复显示，如图 5.19 所示。

(10) 将一张 ISO14443B 协议卡片(中华人民共和国第二代身份证就是 ISO14443B 协议)放在 13.56 MHz RFID 天线范围内，当 13.56 MHz 读卡器读取到卡片时，系统控制主板上的

ISO14443B 协议指示灯红色 LED 灯(D7)会点亮，系统控制主板上的蜂鸣器发出蜂鸣声，液晶上显示找到 ISO14443B 协议卡片，如 5.22 所示。

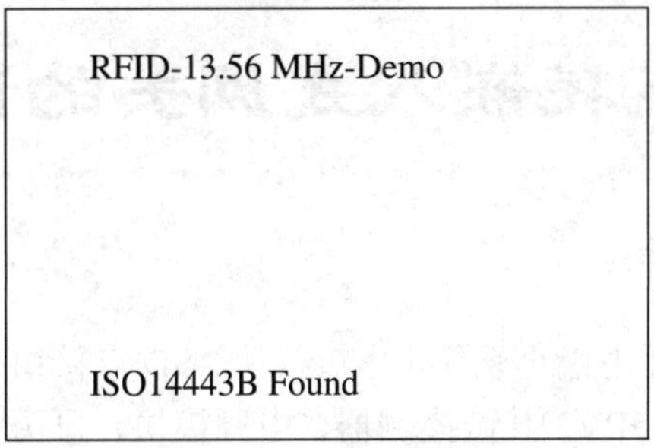

RFID-13.56 MHz-Demo

ISO14443B Found

图 5.22　找到 ISO14443B 协议卡片的液晶显示

(11) 将 ISO14443B 协议卡片从 13.56 MHz 读卡器天线区域内拿开，系统控制主板上的红色 LED 灯(D7)熄灭，蜂鸣器停止蜂鸣，控制主板上的液晶恢复显示，如图 5.19 所示。

思　考　题

1. RFID 应用开发包括哪些部分？
2. 简述几种主流射频识别技术应用的操作过程。

第6章　能耗嵌入式网关的设计与实现

能耗系统网关设备主要由最小系统、串口模块、SD卡接口模块和网络接口模块四部分构成。最小系统部分采用 S5PV210 微控制器、电源模块、日历模块和存储器。S5PV210 采用了 ARM Cortex-A8 内核，最高频率为 1 GHz，数据处理位为 32 位，分别有 32 KB 和 512 KB 一级缓存和二级缓存，拥有高性能运算能力。电源部分需要的电压有 5 V、3.3 V、1.8 V 等，通过 AMS1086 系列芯片来实现。日历模块通过外部时钟电路和外部电池电源来实现。存储器包括易失性存储器和非易失性存储器，通过选择合适的 Flash 芯片和 SDRAM 芯片来满足系统的要求。

外围电路部分包括串口模块、SD 卡接口模块、网络接口模块。串口模块包括了 RS232 和 RS485 两种，其中 RS232 串口主要用于终端控制和调试，RS485 串口用于数据采集，器件选型主要是 SP3232 和 MAX485 芯片。SD 卡接口模块作用主要是移植系统时用来存放系统文件和以及后续下载程序。网络接口模块在网关设备与数据中心进行 TCP 通信时发挥较大的作用，硬件选型时采用 DM9000 模块。至此，能耗系统网关的基本硬件方案确定。

6.1　最小系统设计

6.1.1　微控制器芯片

采用 FriendlyARM 公司高性能的基于 Cortex-A8 的核心最小系统板 Tiny210，其 CPU 为 S5PV210(蜂鸟)，CPU 频率最高为 1 GHz，LPDDR1、LPDDR2 和 DDR2 等 RAM 类型都是蜂鸟芯片支持的类型，另外，其 ROM 还支持 NAND Flash 和 NOR Flash 两种类型。蜂鸟芯片采用的是 FCFBGA 封装，其引脚数量为 584，0.65 mm 的微小引脚间距保持了芯片的小尺寸，长度和宽度都是 17 mm。蜂鸟芯片支持 Linux 等嵌入式系统，在物联网相关产品开发方面有着广泛的应用。

本节选用的(S5PV210 蜂鸟)芯片支持很多的外部接口，主要包括：

(1) 支持 1 个 USB 2.0。

(2) 支持 1 个 Micro SD 卡接口。

(3) 支持 4 路 UART。

(4) 支持 1 路 RS232 调试串口。

(5) 支持 100 MB 以太网卡。

(6) 支持 RTC 实时时钟保存。

(7) 支持标准 JTAG 接口。

(8) 支持多种 LCD 显示，多款液晶模块接口。

该处理器正常运行的温度上限为 70°，下限为−20°，符合多种规范。其适用于工业控制、通信、医疗、安全、媒体、手机、手持设备等领域。它的典型应用：上网本、车辆导航、多媒体终端、人机界面、监控设备。图 6.1 为系统的硬件核心结构示意图，系统以 S5PV210 芯片为中心，通过其内置的 UART 接口扩展 RS485 接口连接数据采集网关，同时扩展 RS232 接口用于系统连接 PC 调试程序等。S5PV210 芯片内置的 NAND Flash 控制器可直接连接 NAND Flash 芯片，内存控制器可直接连接 SDRAM 芯片，两者简化了存储电路设计。最小系统包含的时钟电路、复位电路和看门狗电路等介绍，具体参看 S5PV210 芯片手册。

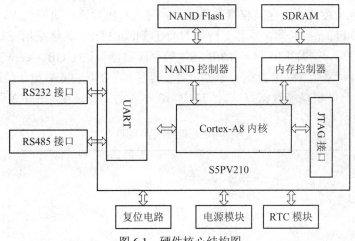

图 6.1　硬件核心结构图

6.1.2　电源设计

电源是整个系统运行必不可少的部分。当设计电源时，需要考虑电源的接入方式、系统需要的工作电压等。该系统要用到的都为直流电压，包括 5 V、3.3 V 和 1.8 V。5 V 电压驱动 RS485 网络，3.3 V 电压提供给大多数开发板芯片使用，1.8 V 供 S5PV210 内核使用。

该网关设备采用 220 V 交流供电，电源模块直接采用成型稳定的品牌开关电源。该开关电源输出 5 V 电压，供应板上弱电部分的电源需求。通过 AMS1086CM-1.8V 芯片得到 1.8 V 工作电压，AMS1086CM-3.3 V 芯片获得 3.3 V 电压。AMS1086 可选择 1.5 V、1.8 V、2.5 V、2.85 V、3.0 V、3.3 V、3.5 V 及 5 V 输出电压，最小系统中用到了 1.8 V 和 3.3 V 两种固定电压输出。该芯片提供多种 3 引脚封装，连接方式简单。典型电路和电压计算公式如图 6.2 所示。

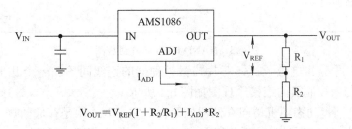

$$V_{OUT} = V_{REF}(1 + R_2/R_1) + I_{ADJ}*R_2$$

图 6.2　AMS1086 典型电路及电压计算公式

6.1.3　存储器设计

存储器的作用是存储程序和数据，是嵌入式产品必不可少的部分。嵌入式系统外置存储器分为两类，一类是易失性存储器，如 RAM、SDRAM 等，用来在系统运行时保存当前运行程序与数据，掉电数据即丢失，相当于 PC 的内存；另一类是非易失性存储器，如 ROM、Flash 等，用来长期保存程序与数据，相当于 PC 的硬盘。根据本能耗系统网关的数据处理和存储需求，结合核心板现有的资源，选择了 1 GB Flash 和 512 MB 的 SDRAM。

本节需要的 Flash 存储容量较大，因此选择 NAND Flash 作为非易失性存储器，NAND Flash 具有高单元密度，单位存储容量体积较小，写入和擦除速度快的优点。S5PV210 芯片中包含了 NAND Flash 控制器，并且支持从 NAND Flash 启动，具体采用三星的芯片，其型号为 K9K8G08U0B。一片 K9K8G08U0B 芯片的存储数据量达 1 GB，数据宽度为 8 B，其引脚数量为 48 个，采用 TSOP 封装，焊接相对较容易，在 2.7～3.6 V 电压范围内正常工作。它支持自动开机且开机功能数据存储时间超过 10 年，芯片封装图如图 6.3 所示。

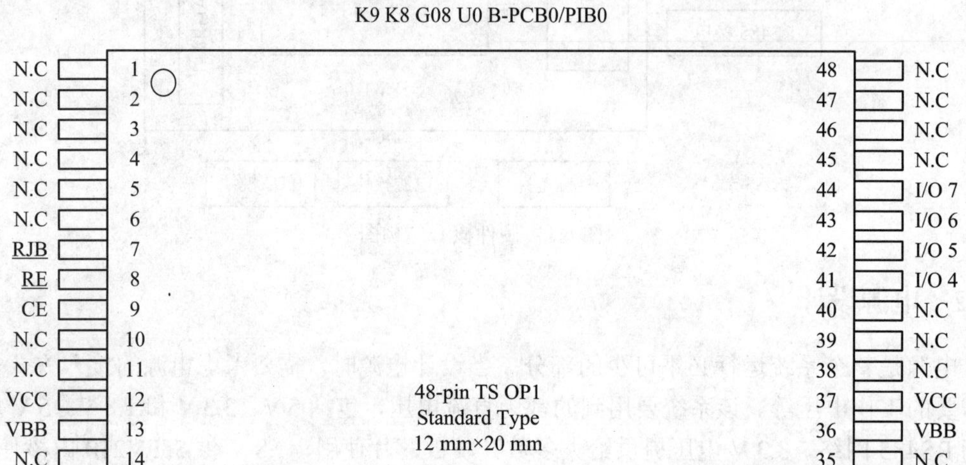

K9 K8 G08 U0 B-PCB0/PIB0

N.C	1		48	N.C
N.C	2		47	N.C
N.C	3		46	N.C
N.C	4		45	N.C
N.C	5		44	I/O 7
N.C	6		43	I/O 6
RJB	7		42	I/O 5
RE	8		41	I/O 4
CE	9		40	N.C
N.C	10		39	N.C
N.C	11		38	N.C
VCC	12	48-pin TS OP1	37	VCC
VBB	13	Standard Type	36	VBB
N.C	14	12 mm×20 mm	35	N.C
N.C	15		34	N.C
CLE	16		33	N.C
ALE	17		32	I/O 3
WE	18		31	I/O 2
WP	19		30	I/O 1
N.C	20		29	I/O 0
N.C	21		28	N.C
N.C	22		27	N.C
N.C	23		26	N.C
N.C	24		25	N.C

图 6.3　NAND Flash 芯片封装图

考虑到阻抗匹配和电磁干扰，芯片与微处理器的连线间各加一个几十欧姆的电阻，K9K8G08U0B 与微控制器的连接原理图如图 6.4 所示。

SDRAM 是同步动态随机访问存储器的简称，它主要作用是存储数据，因而在嵌入式中有着广泛应用。本节所设计的系统以 NAND Flash 作为程序存储器，但是在执行程序的时候 SDRAM 也会发挥程序存储器的作用，因为所设计的系统在运行程序时先要把 Flash

中的程序复制到 SDRAM 中去，最后是从 SDRAM 中启动程序的。采用 K4T1G0840F 作为 SDRAM 存储器，其封装为 48 脚 FBGA，封装图如图 6.5 所示。采用两两级联方式一共 4 片芯片，数据宽度是 32 位，存储容量共为 512 MB。

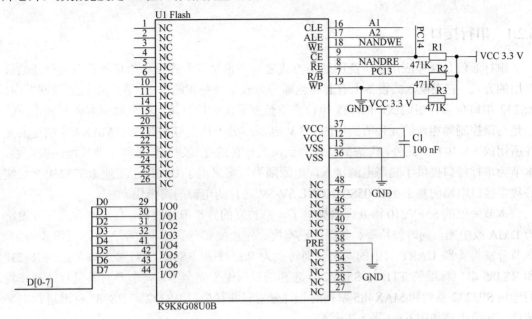

图 6.4　K9K8G08U0B 与微控制器连接原理图

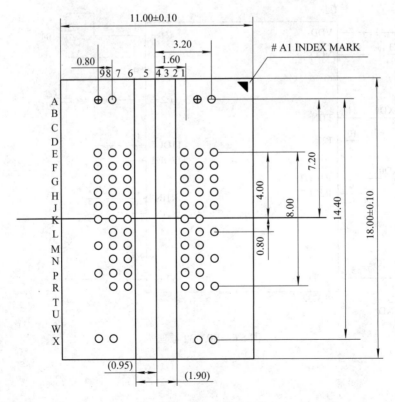

图 6.5　SDRAM 芯片封装

6.2　外围电路设计

6.2.1　串行接口

串行通信是现今应用很广泛的通信方式之一，也是嵌入式设备与其他设备进行通信最常用的方式，它在嵌入式设备上有着其他通信方式不可替代的作用。在本能耗系统网关中，RS232 串口负责程序调试，RS485 串口负责数据采集。串行接口板电路中需要两种电压，一是与微控制器相连的元件所到用的 3.3 V 电压；另一种是与 SP3232、MAX485 相连的元件所用的 5 V 电压。此外，考虑到从仪表到网关设备的连线通常较长和工业环境的安全性，本节为串行接口提供了隔离电源接入，电源隔离方案采用了专门用于工业 RS232/485 总线等数字接口电路的基于 13D-05S05NCNL 5V-5V 芯片的电源隔离模块。

本节采用的 S5PV210 微处理器提供了 4 个独立的异步串行接口，其工作方式可以设定为 DMA 或中断，同时波特率、数据传输宽度、停止位和奇偶校验位都可以通过编程设定。本节分别将 4 路 UART 口中的两路分别转换为 RS232 和 RS485 三线接口。考虑到 RS232 和 RS485 串口标准的 TTL 与 S5PV210 芯片的逻辑电平完全不同，需要对其进行转换。我们选用 SP3232 系列和 MAX485 系列的芯片分别对两种串口 RS232 和 RS485 标准进行电平转换。转换电路如图 6.6、图 6.7 所示。

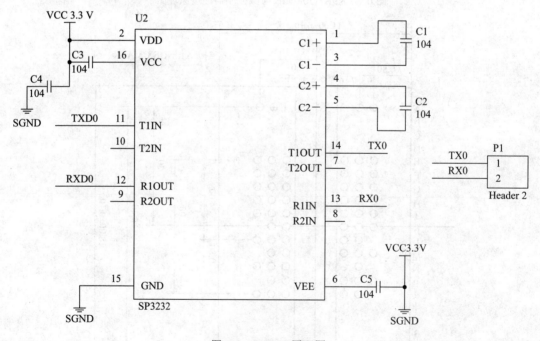

图 6.6　SP3232 原理图

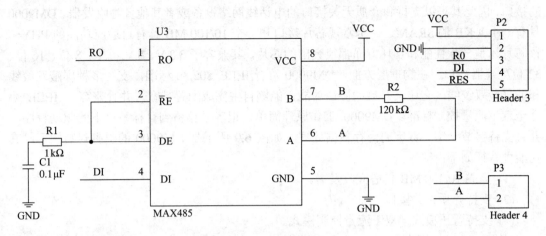

图 6.7　MAX485 原理图

6.2.2　SD 卡接口

本节根据在进行系统移植以及网络中断时的存储需求设计了 SD 卡接口。由于网线老化、服务器故障和断电等原因，能耗系统网关设备无法及时将能耗数据上传到数据中心，如果不设定本地存储的话，那么故障期间内的有效数据就会丢失，给能耗数据的统计带来不稳定性。在本节中，充分考虑到各种故障的可能性，设计了 SD 卡接口。

S5PV210 的多媒体存储卡接口支持 SD 存储卡 V1.0 规范，其内部模块通过 APB 总线与处理器核心通信，APB 总线上的外设 DMA 控制器管理数据的传输，电源管理控制器控制其时钟。该模块提供了两个 SD 卡接口，它们共用一个时钟信号 MCCK，独立使用四线的数据线和命令信号线，连接在该接口上的 SD 卡可以工作于四线模式或一线模式。SD 卡接口引脚如图 6.8 所示。

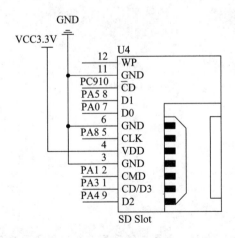

图 6.8　SD 卡接口引脚图

6.2.3　网络接口

本节采用性价比较高的芯片 DM9000 作为以太网控制器。DM9000 提供了与介质无关的接口，因此其可以支持和介质无关接口的电话线网络设备或者其他各种收发器。DM9000具有一个 4 KB 的 SRAM、一个常规芯片接口和一个 10/100 MB 具有自适应功能的 PHY。该芯片还是一款性能和功耗方面都很突出的芯片，其兼容了 3.3 V、5 V 电压，8 位、16 位、32 位处理器接口。在物理层方面，DM9000 符合 IEEE 802.3u 标准，支持多种屏蔽双绞线和非屏蔽双绞线。它还具有自动协调功能，能够自主完成配置带宽，并且兼容了 IEEE 协会全双工流量控制标准。DM9000 工作原理简单，很容易移植到目标系统下的驱动程序，并且支持字节、字、双字的内存数据处理。如图 6.9 所示是 DM9000 的引脚封装图示，其功能性特征如下：

(1) 集成 10/100 MB 自适应收发器。

(2) 支持介质无关接口。

(3) 支持背压模式半双工流量控制模式。

(4) IEEE802.3x 流量控制的全双工模式。

(5) 4 KB SRAM。

(6) 超低功耗模式。

(7) 兼容 3.3 V 和 5.0 V 输入输出电压。

(8) 100 脚 CMOS LQFP 封装工艺。

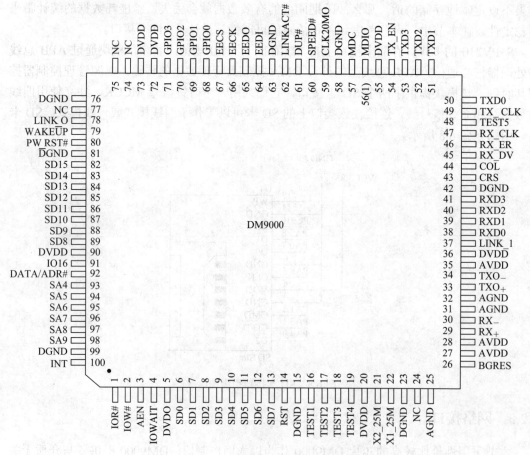

图 6.9　DM9000 封装示意图

下面对 DM9000 引脚和典型应用做具体说明。表 6.1 是 DM9000 与处理器之间的部分引脚说明，其中除 SD8、SD9 和 I/O16 外的引脚都自带了 60 kΩ 的下拉电阻。

表 6.1　DM9000 与处理器相连部分引脚

引脚编号	功能名称	读/写	引 脚 说 明
1	IOR#	I	处理器读命令；低电平时有效，极性可以通过 E^2PROM 改变
2	IOW#	I	处理器写命令；低电平有效，同样能修改极性
3	AEN#	I	芯片选择，低电平有效
14	RST	I	硬件复位信号，高电平有效复位
1～6、82～89	SD0～15	I/O	0～15 位 data address bus，CMD 引脚电平决定其类型
93～98	SA4～9	I	地址线 4～9；作为芯片选择信号时被选中
92	CMD	I	访问类型控制口，H 表示访问数据端口，L 表示访问地址端口
100	INT	O	中断请求信号；高电平有效，极性能修改
37～53、56	SD31～16	I/O	数据位双字模式下有效，高位字引脚
57	IO32	O	双字命令标志，默认低电平有效

　　表 6.2 是 DM9000 与 EEPROM 相连引脚说明，其中 65、66 和 67 共 3 个引脚自带 60 kΩ 下拉电阻。

表 6.2　DM9000 与 EEPROM 相连引脚

引脚编号	功能名称	读/写	引 脚 说 明
64	EEDI	I	数据输入引脚
65	EEDO	I/O	WAKEUP EEDO 两位代表数据总线宽度，00、01、10 分别表示 16 位、32 位和 64 位
66	EECK	I	时钟信号
67	EECS	I/O	片选信号，为 H 时选择 LED 模式

　　DM9000 典型应用如图 6.10 所示，在 DM9000 布线时，要想使网卡稳定工作，并能达到较大传输速率，芯片与 RJ45 的距离应尽量短，最好不超过 2 cm，两者之相连的差分线走线要尽量靠拢、平行、等长，退耦电容尽量放在电源附近。

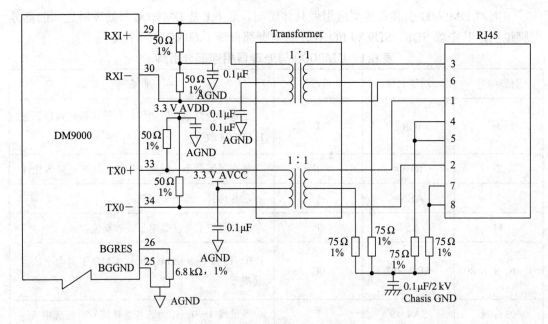

图 6.10　DM9000 典型电路图

6.3　系统软件设计

软件设计囊括了 Linux 软件平台和应用层软件设计，软件平台包含引导加载内核、内核裁剪、根文件系统和 XML 库应用等。应用层软件的设计主要包括串口采集线程、数据处理、TCP 网络和 XML 数据包等详细编程。

6.3.1　引导加载内核

引导加载内核，嵌入式行业开发又叫做 Bootloader，是 Linux 在运行系统前运行的一段代码，在功能上与个人电脑的开机自检程序和自启动程序相似。PC 通过 BIOS 来进行开机前的工作，包括基本输入/输出程序启动，如键盘、鼠标接口等，系统设置，自启动。Linux 系统通过引导加载内核程序实现了对底层硬件最直接的控制，为运行嵌入式系统创造环境。

目前，有很多开源的 Bootloader 可供移植，本节选用支持 ARM920T 处理器的 U-Boot-1.3.0，U-Boot 分两部分：第一部分取决于处理器的硬件的初始化代码，用汇编语言实现；第二部分用 C 语言完成，可实现网卡设置、GPIO 设置和内核启动参数设置等复杂功能。通过使用 CROSS COMPILE TOOL 生成当前目标板可执行文件即二进制类型文件。

6.3.2　内核移植

引导加载内核后，引导加载程序移植成功，可以运行该程序。本节介绍内核移植的过程，首先选择合适的内核版本，内核是 Linux 系统的核心软件，移植过程也相对复杂。内核移植主要分成两个过程：首先根据硬件状况配置内核或者移植驱动模块，使内核能够支持目标处理器，然后根据系统功能裁剪内核，处理过的内核应仅包含嵌入式系统的必要功能，这样做的目的是在其稳定性的基础上控制了内核大小。根据 Linux 的公开内核源码，我们选择 Linux 2.6.22 作为系统版本，对内核做了如下修改：

(1) 指定交叉编译器 CROSS COMPILE，交叉编译工具为 arm-none-linux-gnueabi-gcc。

(2) 修改 NAND Flash 分区、硬件信息，建立 NAND Flash 分区表。

(3) 添加 YAFFS 文件系统，通过网络获取源码，运行相应脚本文件即可。

(4) 配置内核，拷贝 Tiny 210 的配置来简化配置过程。

完成上述修改后，我们使用 MAKE ZIMAGE 系统指令对内核编译，生产目标板可运行代码。完成编译后，将内核的二进制代码下载到目标板上，至此，Linux 内核移植完成。

6.3.3　根文件系统

根文件系统是嵌入式 Linux 的重要组成部分，在运行 Linux 时，首先进行内核安装并初始化系统运行参数，然后进行文件系统的挂载。嵌入式 Linux 不同于可视化的操作系统，文件系统不能通过窗口直观地查看到，但是功能和可视化系统本质上是一样的，在使用习惯之后就会发现它有很大的优势。根文件系统存放着用户的程序、目录、文件等重要信息，在嵌入式 Linux 为众多外接设备和用户组用户提供接口。

Linux 可以挂载多个文件系统，访问文件系统需要通过挂载文件系统来实现。采用闪存作为存储，可以支持 YAFFS 文件系统和 JFFS2 文件系统。本节选择移植 YAFFS 文件系统，调试程序时，我们可以通过 NFS 或者挂载 U 盘来实现。

下面简要介绍制作根文件系统的过程：创建目录结构，主要有 bin、dev、etc 等 8 个，另外还要创建 root、home 等；安装 Busybox 软件，得到一些基本操作指令，如 ls，mount 等；创建初始化文件，主要包括为 shell 安装全局变量的文件。最后通过文件系统制作工具生成文件系统镜像并下载至目标板，至此，根文件系统移植设计完毕。

6.4　应用层软件设计

6.4.1　串口数据通信

本能耗系统网关采用 RS485 总线挂载多个仪表设备。RS485 总线通信务必为双绞的电线，如若不然，在串口通信期间的噪声会非常大。当多个设备连接时，应该采用 1 号设备与 2 号设备相连，3 号设备与 2 号设备相连，4 号设备与 3 号相连，如此连接下去……如果出现 1 号和 2 号连接、1 号和 3 号连接等类似的情况也会导致串口通信系统不稳定、干扰大。RS485 总线连接示意图如图 6.11 所示。

在 Eclipse 下用 C 语言编程时，Linux 对串口操作方法和文件是相同的，本程序采用 stdio.h 头文件中的读和写函数进行 RS485 串口操作。对串口进行读、写之前先编写 Com.c 和 Com.h 文件，并在 main 函数中包含 Com.h 头文件。

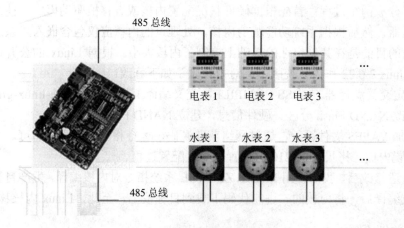

图 6.11　RS485 总线连接示意图

1. 打开串口函数

　　　　int open_port(int fd, int comport)

在该函数中利用 Linux 系统自带函数 open（"/dev/ttyS0"，O_RDWR|O_NOCTTY|O_NDELAY），其中"/dev/ttyS0"表示串口 1 对应的文件，"/dev/ttyS1"代表串口 2 对应的文件，依次类推。O_RDWR 标志串口允许读、写参数，O_NOCTTY 和 O_NDELAY 是另外两个与系统相关的标志位。函数返回值为 fd。程序实例如下：

　　　　fd = open_port(fd , 2);　　　　　　　　　　//打开串口 ttyS1，并将串口号赋给 fd

2. 串口配置函数

　　　　int set_opt(int fd, int nSpeed, int nBits, char nEvent, int nStop)

串口函数利用系统的自带参数的结构体 termios，其中包含了对波特率、奇偶校验、数据位等参数设置，该结构体包含在 termios.h 头文件中。set_opt 函数的传入参数依次为 fd、nSpeed、nBits、nEvent、nStop，分别表示打开的串口号、波特率、数据位、奇偶校验和停止位。当函数返回值为−1 时，表示串口设置不成功；当函数返回值为 0 时，表示串口设置成功。使用实例如下：

　　　　i = set_opt(fd , 1200 , 8 , 'E' , 1);　//设置 fd 打开的串口波特率 1200，8 位数据位，偶校验，1 位
　　　　　　　　　　　　　　　　　　　　　　//停止位

3. 串口写和读函数

　　　　ssize_t wirte(int fd, const void *buf, size_t count)，ssize_t read(int fd, void *buf, size_t count)

write(*)函数表示从 buf 缓存中取 count 个字节，写入 fd 指向的文件，read(*)函数表示从 fd 文件指针获得 count 个字节存放到 buf 内存中。对特定的仪表设备，在 write 和 read 函数中间需要延时来满足仪表的收发时序。根据行业规范 DL/T 645—1997，多功能仪表的通信协议和特定的电能表，主机向串口发送数据的定义为

　　　　char send_1_1_buff7_1[15] = {0xFE,0x68,0x10,0x02,0x72,0x13,0xAA,0xAA,0x68,0x01,

　　　　0x02,0x43,0xC3,0xC4,0x16};

存放串口接受到数据定义：

　　　　char rev_1_1_buff7_1[50] = { '\0' };

以电能表为例，一个 write 和 read 使用实例如下：

```
nwrite = write(fd , send_1_1_buff7_1 , sizeof(send_1_1_buff7_1));
for(i=0 ; i<1125 ; i++)            //延时参数根据调试确定为 1125
    delay();
nread = read(fd , rev_1_1_buff7_1 , sizeof(rev_1_1_buff7_1));
```

4. 关闭串口函数

```
close(fd)
```

根据技术导则中的规定，在数据采集器身份验证失败时关闭串口，使用实例如下：

```
close(fd);                                  //关闭 fd 打开的串口
```

至此，串口采集线程，包括打开串口，串口参数设置，串口收发和关闭串口，介绍完毕。通过以上内容可以实现 RS485 总线挂载多个仪表，并对其中任何一个根据其地址进行实时访问，获得实时以及历史数据。

6.4.2　数据处理

能耗系统网关对采集到的电能表数据和水表数据首先需要进行解析，获得当前或者历史电能数据或水表能耗数据，然后进行简单的处理，通常是某一路串口上所有的仪表设备的数据求和或者是得到某个与总量无关的数据。在进行简单的数据处理之后将能耗数据上传至数据中心。

1. hex(16 进制)数据转换成 char 型函数

```
void hextoa(char *szBuf, char buff2[], int rev_length)
```

能耗系统网关往串口发送或者接收到的数据都是 hex 数据，接收到的 hex 数据先将其转换成 char 型便于解析。hextoa 函数表示将形参 buff2[]中的 hex 数据，转换成 char 型数据之后再进行拼接存放到 szBuf 中，形参 rev_length 用来解决遇到 0x00 会丢失数据的情况。例如 0xFE, 0xFE 转换成字符串 FEFE。调用系统函数 sprintf(*)对字符进行变换和拼接。使用实例如下：

```
hextoa(szBuf,rev_1_1_buff7_1,nread);     //将串口接收到 hex 数组转换成 char 型字串
```

2. 字符串解析函数

```
void data_analyse(char *szBuf, int length)
```

以多功能电表为例，按照通信标准，对已经转化好的字符串进行解析，得到如仪表地址、控制码、数据标识、数据内容等数据。其中，仪表地址和控制码等直接作为最终数据，而数据标识、数据内容还要经过减去 0x33 处理才能作为最终数据。

地址域和控制码直接复制对应位得到，以地址域为例，实例代码如下：

```
for(j=0;j<12;j++)                    //middle_data 数组为局部变量，内容与 szBuf 相同
    address_code[j] = middle_data[j+4];
```

数据标识和数据内容处理，先调换高低字节的位置，让高字节在前、低字节在后。这时候的字节是字符串形式的，一个字节由两个字符串表示，之后将两个字符串转换成一个十六进制数，即一个字节。然后对其进行减去 0x33 操作，获取十六进制的高低位数字，拼接成字符串。发送方和接收方数据处理如图 6.12 所示。

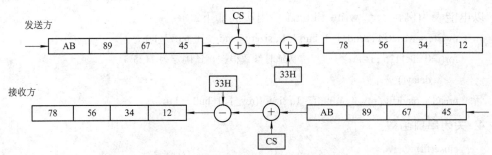

图 6.12 发送方和接收方数据处理图

实例程序如下：

```
data_hex[j] = temp[j*2]*16 + temp[j*2+1]-51;                    //对字节进行减 0x33 即 51 操作
temp[j*2+k] = data_hex[j]/16;                                   //得到 16 进制的高位
temp[j*2+k] = data_hex[j]%16;                                   //得到 16 进制的低位
sprintf(data_type_code_actual,"%d%d%d%d",temp[0],temp[1],temp[2],temp[3]);       //hex 输出
```

6.4.3 TCP/IP 网络通信

在上传数据过程中，需要通过网络传输，我们将使用到 TCP/IP 协议族。在程序开发中，TCP/IP 网络协议操作主要通过 socket 套接字提供的 API 完成。socket 接口是一种特殊的 I/O 接口，同时具有名为 socket 的函数，其功能与文件操作中的 open(*)函数类似，返回值为整形描述符，然后通过操作，该描述符可以完成建立新的连接、发送和接收数据。建立 TCP 连接以及 TCP 传送数据流程示意图如图 6.13 所示。

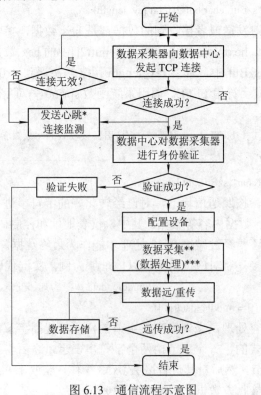

图 6.13 通信流程示意图

1. socket 函数

    int socket(int family , int type , int protocol)

其中，family 参数指明协议族，通常 IPv4 协议的 family 值为 AF_INET；type 参数说明 socket 的种类，通常使用到的是 SOCK_STREAM；protocol 通常设置为 0，表示 family 和 type 两者的值为系统默认。当 socket 调用成功时，返回值为小于 0 的整值。使用实例如下：

    sockfd = socket(AF_INET , SOCK_STREAM , 0);

2. 通信请求连接函数

    int connect(int sockfd, struct sockaddr *serv_addr, int addrlen)

函数 connect 连接两个指定的 socket，参数 sockfd 是客户端的 socket 描述符，由 socket(*) 返回；serv_addr 为结构体指针类型，包括的服务器端参数有协议类型、IP ADDRESS 和 PORT；参数 addrlen 指定了地址结构的长度，一般长度设置为 sizeof(struct sockaddr)。connect 函数实例如下：

    serv_addr.sin_family = AF_INET;   //协议族为 IPv4
    serv_addr.sin_port = htons(SERVER_PORT);   //端口号设置
    serv_addr.sin_addr.s_addr = inet_addr(SERVER_IP);   //IP 地址设置
    connect(sockfd,(struct sockaddr*)&serv_addr,sizeof(struct sockaddr)) //请求连接函数

3. 服务器端函数 bind_port(*)、listen_port(*)、accept_socket(*)

- int bind_port(int fd, struct sockaddr *this_addr, int addrlength)。

其中：参数 fd 指定了 socket 描述符；参数 this_addr 是一个 sockaddr 类型的结构体指针，囊括了 socket 的属性值：通信协议和端口号等；参数 addrlen 指定了该协议地地址结构的长度，一般设置为 sizeof(struct sockaddr)。使用实例如下：

    server_sockaddr.sin_family = AF_INET;   //协议族为 IPv4
    server_sockaddr.sin_port = htons(LISTEN_PORT);   //端口号设置
    server_sockaddr.sin_addr.s_addr = INADDR_ANY;   //IP 地址设置
    bind_port(sockfd_listen,(struct sockaddr *)&server_sockaddr,sizeof(struct sockaddr); //绑定设置

- int listen_port(int sockfd, int backlog)

其中：参数 sockfd 是调用 socket 创建的套接字；参数 backlog 确定了 sockfd 积压套接字接收的最大连接数。成功监听时返回值为 0，出错时返回−1。使用实例如下：

    listen_port(sockfd_listen , MAX_QUE_CONN_NM);   //监听函数

- int accept_socket(int sockfd, struct sockaddr *addr, socklen_t *addrlen)

函数 accept 接收客户端提交的连接申请，形参 sockfd 是服务器端创建的 socket 描述符。如果调用成功 accpet(*)功能，系统将创建具有相同新的套接字描述符 sockfd 属性，用于与客户端沟通，并将新的套接字标识，而原来的 socket 描述符仍然是用来检测。成功建立连接的客户端地址结构被保存到形参 addr 中，其所占用的内存空间大小以字节为单位被保存到形参 addrlen 中。成功使用函数时，返回值为新的 socket 描述符整数值，发生错误的情况下返回值为−1。使用实例如下：

    client_fd = accept_socket(sockfd_listen , (struct sockaddr *)&client_sockaddr , &sin_size);

4. TCP 套接字收发函数 send 和 recv

- int send_socket(int sockfd, const void *msg, int len, int flags)

其中：函数形参 len 指定发送数据的长度，但是实际发送的数据长度可能不是等于 len 而是小于 len。因为参数中的数据长度远大于 send 一次所能发送的数据，则 send 函数只发送它能发送的最大数据长度。msg 存放要发送的字符串指针；flags 一般情况下置为 0。函数返回实际发送出去的字节数。使用实例如下：

```
sendbytes = send(sockfd_tcp , buf_validate , strlen(buf_validate) , 0);
```

- int recv_socket(int sockfd, void *buf, int len, unsigned int flags)

其中：sockfd 是接收到的数据描述符；buf 是用来接收数据的缓冲内存，标志位通常情况下为 0。recv(*)返回值为确确实实接收到的字符串长度，错误时返回−1。使用实例如下：

```
recvbytes = recv(sockfd_tcp , recv_buffer , BUFFER_SIZE , 0);
```

5. 关闭套接字函数

```
void close(int fd)
```

通过 close(*)来结束套接字操作时，需要停止对套接字的数据操作才能解放内存和 CPU 资源。当程序非正常结束或者在 TCP 连接掉线的情况下，需要关闭 sockfd 释放占用的资源。使用实例如下：

```
close(sockfd_tcp);                              //关闭 sockfd_tcp
```

6.4.4 XML 数据存储

根据国家机关办公建筑和大型公共建筑能耗检测系统，其中，分项能耗数据传输技术导则规定了数据传输的 XML 数据格式。以身份验证包为例，其 XML 格式如图 6.14 所示。

```
1. 身份验证数据包(id_validate)
<?xml version="1.0" encoding="utf-8" ?>
<root>
    <!-- 通用部分 -->
    <!--
    building_id:楼栋编号
    gateway_id:采集器编号
    type:身份验证数据包的类型
    -->
    <common>
        <building_id>XXXXXX</building_id >
        <gateway_id>XXX</gateway_id >
        <type>以下 4 种操作类型之一</type>
    </common>
    <!-- 身份验证 -->
    <!-- 操作有 4 种类型
    request:采集器请求身份验证（该数据包为采集器发送给服务器）
    sequence:服务器发送一串随机序列，sequence子元素有效（该数据包为服务器发
    送给采集器）
    md5:采集器发送计算的 MD5，md5子元素有效（该数据包为采集器发送给服务器）
    result:服务器发送验证结果,result 子元素有效（该数据包为服务器发送给采集器）
    -->
    <id_validate operation="request/sequence/md5/result">
        <sequence >XXXXXXX </sequence >
        <md5>XXXXXXX</md5>
        <result >pass/fail</result >
    </id_validate>
</root>
```

图 6.14 身份验证包 XML 数据格式

在上节系统软件的搭建过程中，已经将 MXML 的相关库文件放到了核心板系统和虚拟机系统下。运行程序是可调用相关的函数实现 MXML 的创建、删除、添加、修改内容等操作。

1. 创建 MXML 函数 mxmlNewXML

mxml_node_t *mxmlNewXML (const char *version)

此函数用来创建一个新的 XML 文件，首先使用创建新的 XML 功能，XML 抬头的规范为＜？xml version＝"1.0"？＞，固定格式不可更改。其版本号规定为 1.0。程序实例如下：

xml = mxmlNewXML("1.0");　　　　　　　　　　//创建空的 XML 文档

2. 创建节点函数 mxmlNewElement

mxml_node_t *mxmlNewElement (mxml_node_t *parent, const char *name)

其中：parent 指的是创建的节点的父节点，name 指的是创建的节点的名称。在空 XML 表下建立节点实例如下：

data = mxmlNewElement(xml, "data");

在 data 节点下建立新的节点实例程序如下：

node = mxmlNewElement(data, "node");

3. 创建节点内容函数 mxmlNewText

mxml_node_t *mxmlNewText(mxml_node_t *parent, int whitespace, const char *string)

其中，第一形参指的是父节点，第二形参指的是在创建元素内容是否包含空格，0 表示不包含，1 表示包含空格，string 表示创建的元素内容字符串表示。实例程序如下：

mxmlNewText(node, 0, "val1");　　　　　　　　　　//设置 node 元素的值为 val1

4. 设置元素的属性函数 mxmlElementSetAttr

void mxmlElementSetAttr(mxml_node_t *node, const char *name, const char *value)

其 node 指的是要修改的节点，name 指的是属性名称，value 指的是修改的属性值。一个修改属性值的实例程序如下：

mxmlElementSetAttr(id_validate, "operation", "request");

5. XML 元素查询功能函数 mxmlFindElement

mxml_node_t *mxmlFindElement (mxml_node_t *node, mxml_node_t *top, const char *name, const char *attr, const char *value, int descend)

其中 node 形参指该节点，top 参数指该节点的父节点，name 形参指的是该 XML 元素的名称，attr 是该节点属性名，value 指元素属性的值，descend 指的是查询功能的搜索模式为向下搜索，可为 MXML_DESCEND、MXML_NO_DESCEND 等。该函数的一个使用实例如下：

data = mxmlFindElement(root , root , "data" , NULL , NULL , MXML_DESCEND);

6. XML 加载和保存功能 mxmlLoadFile 和 mxmlSaveFile

载入 XML 文件到一个 XML 节点树函数

mxml_node_t *mxmlLoadFile (mxml_node_t *top, FILE *fp , mxml_load_cb_t cb)

其中，top 是指顶级节点，fp 为打开的文件指针，cb 指的是回调函数，或者没有回调函数，值为 MXML_NO_CALLBACK。一个使用实例如下：

root = mxmlLoadFile(NULL , fp , MXML_OPAQUE_CALLBACK);

存储一个 XML 节点树到文件，函数 int mxmlSaveFile (mxml_node_t *node, FILE *fp, mxml_save_cb_t cb)。其中，node 指节点树的根元素，fp 表示准备写入的文件指针，cb 形参同装载文件的形参作用。函数使用实例如下：

mxmlSaveFile(root, fp, MXML_NO_CALLBACK);

6.4.5　身份验证——MD5

依据技术导则，数据中心与采集器之间采用 MD5 算法进行相互验证，在本地和数据中心存放着 128 位的 MD5 密钥，并且可以通过网络更新本地的 MD 密钥，身份验证过程见技术导则附录。MD5 的全称叫做信息摘要算法第五版，该加密算法的实际意义在于保证了信息交流的一致和准确。信息摘要算法在计算机领域应用广泛，是一种常见的加密算法，其又被称为 Hash 算法和杂凑算法。该算法的原理可以概括为：在 512 位数据块的信息输入过程中，每一数据块分为 16 组，32 个位，经过一系列运算后，最终算法产生了 4 个块，每个块 32 位，通过由高位到低位依次排列的顺序得到最终的 128 位加密值。如图 6.15 所示为 MD5 算法整体流程图。

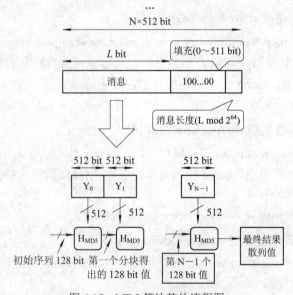

图 6.15　MD5 算法整体流程图

MD5 加密算法的 C 语言实现过程如下：

MD5Conext md5c;　　　　　　　　　　　　//定义一个 md5 加密结构体变量

MD5Init(&md5c);　　　　　　　　　　　　//初始化用于 md5 加密的结构

MD5Update(&md5c,sequence_md5,strlen(sequence_md5));

　　//sequence_md5 为存放待加密信息的数组指针，函数对等加密的字符进行加密

MD5Final(ss,&md5c);　　　　　　　　　　//获得最终加密结果，存放于一个数据组 ss 中

6.4.6　XML 数据包加密——AES

按照监测系统的要求，对 XML 数据包加密使用 AES 加密算法，密钥长度 128 位。为

了简化设计，我们将 AES 和 MD5 的密钥值设置成相同值，字符串为"12345678123 45678"共 16 个字节，128 个二进制位。根据 AES 加密和解密的需要，在本地和数据中心保存了该密钥，并且可以对其进行更新。AES 是一种对称加密算法，它是建立在 Belgium 的科学家创建的名为"Rijndael"加密算法的基础上的。AES 加密算法在 Openssl 软件包中已经实现了，由于 Openssl 对于本系统的兼容性问题，只能通过获取开源的代码来实现 AES 加密。

AES 加密程序如下：

```
gentables( );                   //生成 AES 加密需要的变换矩阵
gkey(nb,nk,keyhex);             //生成 AES 密钥表
encrypt(block);                 //加密算法实现
```

6.5　能耗系统网关功能测试

系统功能测试是一个非常复杂和烦琐的过程，它伴随整个开发的过程。完成模块功能之后，需要进行单元测试，以确保功能的完整性。对整个系统要进行功能、可靠性、稳定性等方面的测试。本节主要通过一个功能性测试用例，说明系统的实现结果。表 6.3 是本系统使用的测试样表，包含了一个典型的功能测试用例。

表 6.3　功 能 测 试 表

编号	用例名称	测试步骤	测试环境	预期结果
1	数据采集和上传	① RS485 总线挂载被测仪表设备；② 主动采集各个仪表设备数据；③ 将采集到的数据按 XML 格式上传	① 能耗系统网关 1 台，5 个 RS485 设备，远程数据中心，三者连接正常；② 调试用 PC 1 台，控制和监测能耗系统网关程序	① 正常完成 3 个测试步骤；② 得到正确的能耗数据

6.5.1　测试环境搭建

根据测试用例要求，需要连接好能耗网关硬件，包括电源、U 盘、调试串口、网线和 RS485 仪表总线，实物连接图如图 6.16 所示。

图 6.16　能耗系统网关实物连接图

该测试环境是在实验室内搭建的，能耗系统网关以 Tiny210 开发板为基础，运行能耗系统网关应用程序。根据项目实施，数据中心由南通市博士未来公司搭建，其通过在 PC 上搭建符合《国家机关办公建筑和大型公共建筑能耗监测系统分项能耗数据传输技术导则》的上位机程序模拟实现。由于没有固定外网 IP，网关与数据中心通过以太网建立连接。调试时 PC 通过 RS232 串口和以太网口连接能耗系统网关。测试环境示意图如图 6.17 所示。

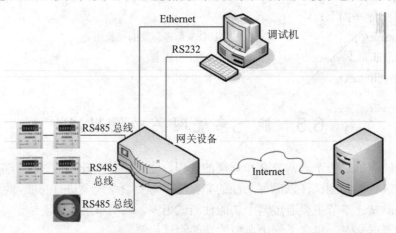

图 6.17　测试环境示意图

6.5.2　测试过程及结果

　　根据传输数据过程要求，数据中心先要打开服务器，然后采集器发送连接请求，数据中心应答请求。测试时，先让公司打开模拟数据中心上位机软件，如图 6.18 所示。然后连接好网关设备和仪表设备等，PC 通过串口终端在网关设备上挂载 U 盘，运行程序，观察测试结果。串口终端运行程序如图 6.19 所示。

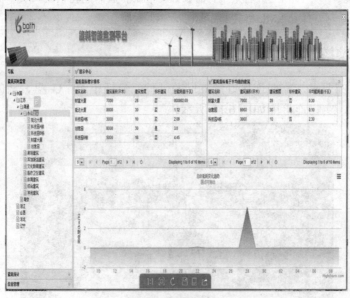

图 6.18　模拟数据中心软件图

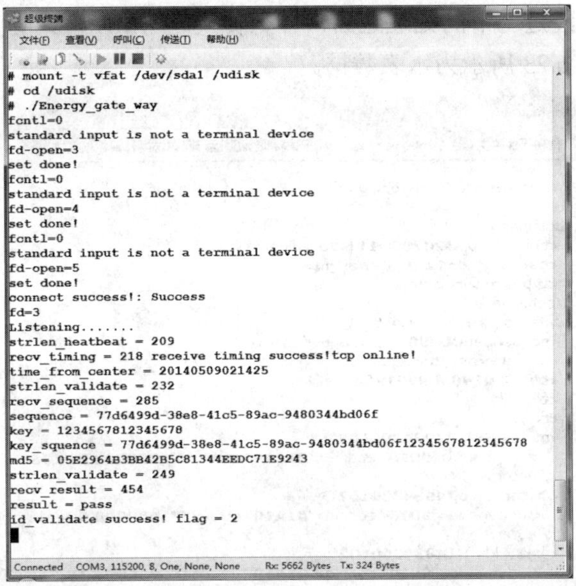

图 6.19 串口终端运行程序图

通过观察图 6.19 和数据中心后台输出图 6.20，可以得到采集器发送请求成功，成功建立 TCP 连接之后，能耗网关发送心跳数据包，并且收到数据中心授时回复。之后进行身份验证，网关设备收到数据中心的随机序列之后加上自己的密钥，并将计算的 MD5 值发送给数据中心，经过数据中心认证之后通过。最后进入数据采集和发送线程，数据采集示意图如图 6.21 所示。

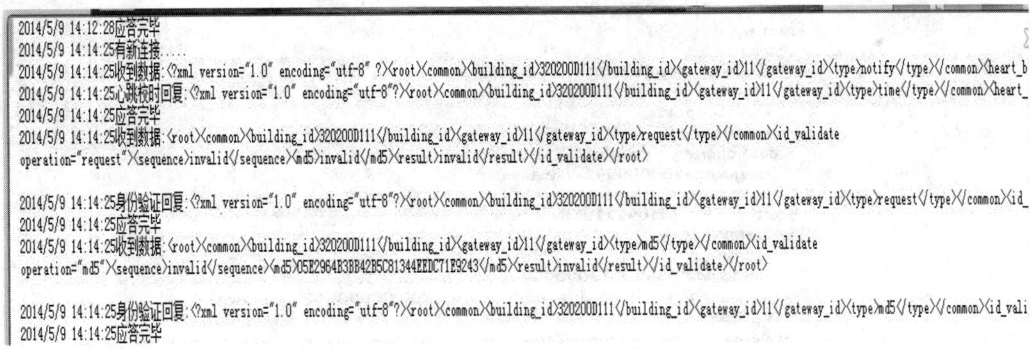

图 6.20 数据中心后台输出

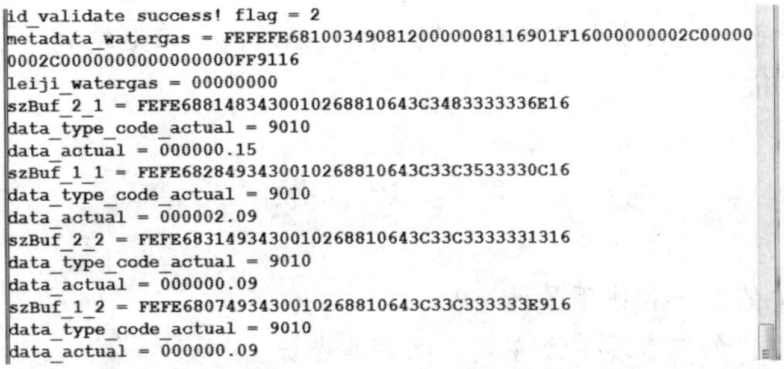

图 6.21 采集到的数据示意图

将采集到的数据经过上节的处理之后，并且转换成 XML 格式的数据，如图 6.22 所示为电能表数据，如图 6.23 所示为水表数据。

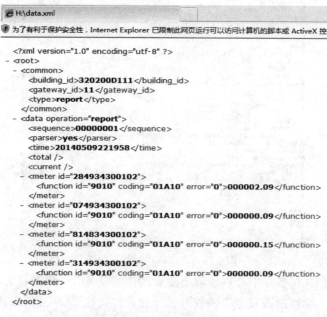

图 6.22　电能表数据

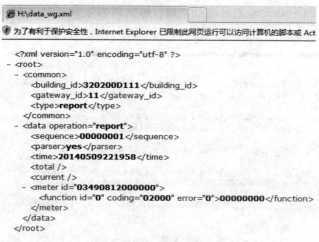

图 6.23　水表数据

　　从以上结果分析，结合表 6.2 测试用例，能耗系统网关很好地完成了数据采集、XML 格式数据传输等功能。

思　考　题

1. 嵌入式网关的概念和作用是什么？
2. 结合实例描述如何实现一个嵌入式网关的设计。

第 7 章　嵌入式 SIM 卡技术

7.1　嵌入式 SIM 卡基本概述

物联网是继互联网之后全球信息产业的又一次科技与经济浪潮。

"十二五"期间，国家、行业、地方政府都会拿出巨资推动物联网的发展，中国物联网即将迎来一个快速发展的良机。依托这一巨大的市场机遇，移动通信产业在"十二五"期间的一个增长重点将是物联网。而在移动通信系统中，SIM 卡是将移动通信网络与物联网紧密结合起来的一个关键环节，SIM 卡的发展，可以使结合了移动通信的物联网业务更加安全、更加高效、更加智能。

7.1.1　嵌入式 SIM 卡的定义

应用于物联网的 SIM 卡为嵌入式 SIM 卡，即内置于末端设备中的 SIM 卡。嵌入式 SIM 卡分为 2 类：一种是通过 Plug-in 或 SMD 方式将用户识别模块内置在末端设备上，以实现设备的无线通信功能，例如目前国内汽车商应用于车载设备上的 M2M(U) SIM 卡；另一种是将独立未封装的芯片直接内嵌于终端设备中，以实现移动通信功能，内置的芯片含一个 ROM 区和一个闪存区，ROM 区用于存储用户识别模块的操作系统，闪存区用于存储运营商信息，通过更新该闪存区中的鉴权数据完成号码的写入。

嵌入式 SIM 卡与普通的手机 SIM 卡有所不同，手机 SIM 卡用于承载移动通信基础业务和增值业务，使用环境对 SIM 卡的封装工艺和硬件、软件等没有特殊的要求。而在物联网应用中，要求 SIM 卡能适应各种恶劣的工作环境，在数据采集和数据传输环节中提供实时、稳定的网络接入，并需要提供合理、便捷的号码开通和业务受理模式。传统的手机 SIM 卡对恶劣环境的适应性很差，这就要求应用于物联网的嵌入式 SIM 卡在硬件、软件、封装工艺、生产及发行流程等方面做全面的提高。欧洲标准组织制定的 M2M UICC 国际规范 "ETSI TS 102 671" 在普通的 SIM 卡技术规范基础上添加了适应宽幅环境温度、震动、防腐蚀等物理指标，使得嵌入式 SIM 卡芯片能在恶劣环境中使用；同时针对嵌入式 SIM 卡存储器的数据保存时间和数据更新次数等参数做了大幅提高，以保证能在车载等需长时间保存数据的场合中应用；为适应各种不同大小的设备，规范定义了 M2M UICC 为 VQFN8 的 5 mm × 6 mm 的塑封 IC，以减小 SIM 卡在末端设备中所占用的空间。在该技术规范建立的同时，主要的芯片供应商(如 ST、NXP、Infineon 等)都纷纷推出了特别设计的芯片以满足物联网市场。

GSM 协会(GSMA)于 2010 年 11 月 18 日宣布成立了一个由全球众多电信运营商组成的

工作组，该工作组主要工作是研究一种新型嵌入式 SIM 解决方案，因在大多数情况下，嵌入设备的 SIM 卡不能从设备中拆卸下来，该方案就是针对该问题研究能远程激活嵌入式 SIM 卡的方案。该方案建议在销售时或销售后利用运营商凭证安全地更新卡中号码数据，并可在其生命周期内由其他运营商重新指配号码数据。嵌入式 SIM 卡是现有 SIM 卡形式的补充，传统的 SIM 卡支持的设备可以继续在运营商的网络上运行。GSM 协会表示，此研究主要是为了促进移动通信设备新形态的设计与发展，同时还能让摄像机、MP3 播放器、导航仪、电子书阅读器、智能仪表等非传统设备更简单地接入移动宽带网络，从而加速 M2M 服务的开发。2011 年 2 月，GSM 协会与多家移动运营商宣布完成了市场对标准化嵌入式 SIM 卡研发的需求调查，并向欧洲电信标准协会(ETSI)提交了分析结果。这将为未来嵌入式 SIM 卡标准在全球的推广做好准备。

7.1.2　嵌入式 SIM 卡的功能及特点

1. 身份认证

嵌入式 SIM 卡仍是一个移动通信用户识别模块，提供用户设备接入无线网络的身份标识和安全认证。在物联网感知层有无处不在，数以百亿、千亿计的传感器件需要接入整个物联网体系中。在如此海量的传感器件中进行精准、智能化的识别以及后续控制的需求下，需要为接入物联网体系的传感器件进行精准的、智能化的、统一的、开放式的身份/设备标识。嵌入式 SIM 卡本身的识别模块的特性可以提供在海量的末端设备中的身份认证功能。

2. 安全机制保证

由于物联网感知层设备采用分布式配置方式和智能化的管理方式，决定了感知层设备将运行于无人监管模式下，从而带来了对物联网感知层设备进行严格、统一且面向不同行业及领域可灵活配置的安全控制需求。这其中包括身份认证协议、数据加解密算法以及密钥存储保护等诸多环节。嵌入式 SIM 卡的 UICC 平台的安全保障能力，为用户网络接入、业务访问、数据传输、信息存储等功能提供了安全机制。

3. 提供物联网应用支撑

物联网的建设目标是实现所有末端设备的互联互控，在不同行业和不同环境中需在温度适应、抗震、防腐蚀、防盗、抗干扰、防静电等方面区别于普通的移动通信用户识别模块。装载嵌入式 SIM 卡在物理指标上能够满足复杂恶劣的环境，从而保证物联网应用在使用移动通信网络完成数据交互和实时控制时的稳定性。

4. 提供本地网络服务

作为网络节点和本地其他用户设备连接，形成无线局域网或个域网，满足本地通信要求并提供相应的业务。根据物联网网络层架构的不同，物联网感知层设备接入物联网体系的具体组网方式也有很大的不同，无论是感知层设备直接接入网络层还是由若干感知层设备组成局部的微网环境后通过中继节点接入网络层，或者是这 2 种方式的有机结合，均需要对最终节点上的感知层设备进行准确定位，从而引发了物联网感知层的寻址需求。嵌入式 SIM 卡可以存储信息采集后传输的目标地址和通信方式，也可以存储泛在网中微网通信的路由控制表，物联网网关设备根据嵌入式 SIM 卡路由控制表，通知各传感节点具体的寻址方式。

该路由控制表可由用户设置,也可通过系统平台进行远程更新。例如:汽车信息服务中的车况数据上报功能,该功能属于车载终端发起业务。车载终端通过汽车 Can-BUS 总线周期性地把车辆各部件的运转数据上报到业务管理平台,业务管理平台根据业务需求向汽车厂商及汽车售后维护机构转发相关数据,汽车厂商根据转发的数据提供驾驶员驾驶行为分析、汽车维修检测报告、突发交通事件车况分析等。该业务需要借助 SIM 卡完成鉴权,之后通过与后台业务系统的认证,由车载终端启动数据业务通道,完成定期数据上传和服务数据接收。

5. 管理模式

目前,国内各运营商的普通手机 SIM 卡发行方式大部分采用预置号码方式,即 SIM 卡出厂时已经完成数据个人化并关联相应的手机号码。为适应物联网的应用,嵌入式 SIM 卡的发行方式采用的是现场写卡方式,即嵌入式 SIM 卡出厂后不预置手机号码,与物联网设备完成一体化焊接后,在设备销售或设备安装完成时现场写入并开通手机号码。

6. 物理特性指标

为保证末端设备使用移动通信网络的稳定性,要求嵌入式 SIM 卡需具备适应不同环境的能力,针对不同的环境建立系列物理特性指标。

(1) 为满足不同末端设备的工作电压,嵌入式 SIM 卡应支持 1.8 V、3 V 和 5 V 的工作电压。

(2) TS 等级工作温度范围为−25～+85℃,TA 等级工作温度范围为−40～+85℃,TB 等级工作温度范围为−40～+105℃,TC 等级工作温度范围为−40～+125℃,并能够在所要求的温度范围内进行 500 次温度循环测试和 2/h 次温度循环测试。

(3) 湿度/回流焊指标应符合国际技术规范 IPC/JEDEC J-STD-020 中的规定。

(4) 湿度应能够满足高温高湿环境,湿度最高可达到 95%。

(5) CA,CB,CC 或 CD 应通过 JESD22-A107 标准中规定的盐雾测试(见表 7.1)。

(6) Plug-in 卡在 5～500 Hz 震动环境下,SMD 卡在 20～2000 Hz 震动环境下,至少 2 h 工作正常。

表 7.1 环境属性指标(持续暴露于盐雾环境)

环境属性指标	测试条件	环境属性指标	测试条件
CA	A	CC	C
CB	B	CD	D

(7) 数据保留时间。RA 级别确定了从嵌入式 SIM 卡生产完成开始,卡中存储的数据应保持 10 年以上能正常使用;RB 级别确定了从嵌入式 SIM 卡生产完成开始,卡中存储的数据应保持 12 年以上能正常使用;RC 级别确定了从嵌入式 SIM 卡生产完成开始,卡中存储的数据应保持 15 年以上能正常使用。

(8) 最小擦写次数。UA 属性对特定的文件应能支持不低于 10 万次的更新次数;UB 属性对特定的文件应能支持不低于 50 万次的更新次数;UC 属性对特定的文件应能支持不低于 100 万次的更新次数。另外,耐高、低温冲击,耐化学性,抗紫外线、X 射线、触点电阻,抗磁场干扰、抗静电特性等需满足国际或国家相关标准。

7.2　嵌入式 SIM 卡的应用研究

以上介绍了嵌入式 SIM 卡的定义、基本功能和技术特点，并介绍了国内外几家运营商的几个典型的物联网应用。下面以应用于车载的嵌入式 SIM 卡的应用场景为例，探讨结合非接触功能的嵌入式 SIM 卡的应用。

汽车信息化服务是指通过无线通信网络，利用定位技术和电子地图技术，以车载终端为载体，为车载人员提供丰富的资讯信息(如位置、实时路况、新闻、天气预报等)和数字多媒体内容(如数字广播、在线视频、在线游戏)，实现人、车、路的互动服务。汽车信息服务主要包括通信服务、道路导航、驾驶辅助、远程监控和资讯娱乐五大类业务。通过打造信息化的服务平台和控制平台，可以实现汽车的车况自动诊断、关键数据采集、自动控制，更重要的是可以提供更加具有吸引力的应用增值服务，如导航信息、电话服务、天气和路况查询、汽车保养、维护和预警信息。

车载设备需要有激活的手机号码才能完成通信功能，因此需要在嵌入式 SIM 卡中写入 IMSI 等与登网鉴权相关的数据。汽车行业的生产、销售有别于移动通信行业，移动通信用户购买带号的 SIM 卡后，直接放入手机中就可以使用移动通信服务，而车载终端作为汽车的一个部件，仅在车辆销售给最终用户时才会被使用，这样运营商将面临诸多问题，如：汽车制造地与销售地不同，如统一使用生产地的手机号码，当汽车卖到外地时，当地手机拨叫该车载号码时会作为长途计费；又如：汽车出厂时间与最终卖到用户手里的时间不同，有的汽车一二年后才能卖到用户手中，如果预置手机号码在车载终端中，移动运营商将面临码号资源被长时间占用问题。因此为保证用户的最终使用，车载应用环境需满足异地手机号码的发行，并具备空中写号现场号码激活或现场写号现场号码激活等特性。同时为避免卡片被挪作他用或物理被盗，需同时考虑卡片的安全管理，包括身份安全、数据安全、应用安全、访问控制等。空中写号现场号码激活方案是指在车辆销售点，车辆销售后第一次启动时，车载终端设备发起写号申请，后台服务器通过短信或数据通道完成对嵌入式 SIM 卡的鉴权数据写入。该方案要求嵌入式 SIM 卡在没有鉴权数据时，完成登录移动通信网络并访问指定的服务器提交写号申请。后台服务器通过格式短信方式或者数据通道完成对嵌入式 SIM 卡的鉴权数据的写入。使用格式短信方式需要保证短信的到达率和成功率，存在成功率低和安全隐患，该方案需在网络端做改造，添加指定的服务器，实施的难度较大。现场写号现场号码激活方案是营业终端通过连接的写卡器对嵌入式 SIM 卡完成现场写号并实时开通。该方案要求嵌入式 SIM 卡在出厂时预置除 IMSI 外其他的个人化数据。在汽车销售点卖给用户时，通过非接触式写卡器完成对嵌入式 SIM 卡 IMSI 数据的写入。

该方案需要移动通信网络建立实时激活系统，各类渠道销售终端仅需支持写入 IMSI 数据，无需写入安全数据，相对空中写号方式安全性更好，可实施性强。近场通信方式写卡是指针对具有射频通信能力的嵌入式 SIM 卡(称之为 RF-M2M 卡)，通过手持无线读写设备利用无线近距离通信方式对 RF-M2M 卡的 IMSI 文件更新，完成现场写号功能。无线读写设备与后台系统通过移动网络连接，获取后台 IMSI 更新命令和信息。近场通信方式写卡主要可应用如下 2 个场景。

(1) RF-M2M 卡在销售时根据用户选定号码，将没有预置 IMSI 数据的卡，通过无线读写设备从系统中获取 IMSI 数据，并写入 RF-M2M 卡中，同时在网络加载数据，完成号码开通。这种情况主要用于新车卖出时。

(2) RF-M2M 卡在发行后需进行 IMSI 更新，将已经预置 IMSI 数据的卡，通过无线读写设备从系统中获取 IMSI 更新数据，并写入 RF-M2M 卡中，同时在网络加载更新数据，完成号码变更。这种情况主要用于二手车买卖时。

其中，RF-M2M 卡需具备 SIM 卡鉴权模块，同时具有 2.45G 射频通信模块功能。无线读写设备需具备 2.45G RF 射频通信功能，主要功能包括 M2M 卡管理功能、2.45G RF 射频通信智能卡读写器功能和移动通信功能等，无线读写设备需与 RF-M2M 卡建立点对点通信连接或与多个 RF-M2M 卡建立星形 Zigbee 网络连接，连接后无线读写设备对 RF-M2M 进行读写操作。后台管理系统需提供卡数据管理功能及号码实时开通功能受理。RF-M2M 卡与无线读写设备、后台业务系统间操作流程见图 7.1。

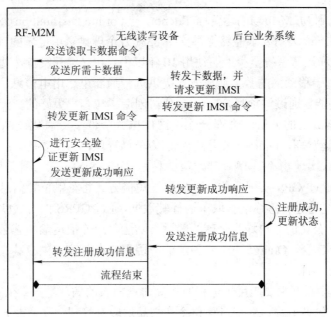

图 7.1　基于近场通信的现场写号业务流程

(1) 首先由近场通信读写设备向需要注册写号的 RF-M2M 模块发起读卡请求。

(2) RF-M2M 卡将返回给无线读写设备。

(3) 近场通信读写设备将需要写号的 RF-M2M 的数据，通过短信或 GPRS 等方式发送给后台系统，并提出更新 IMSI 请求。

(4) 后台系统收到请求后，下发更新 IMSI 指令。

(5) 近场通信读写设备收到更新 IMSI 指令后，传给 RF-M2M 卡。

(6) RF-M2M 卡更新 IMSI 文件。

(7) RF-M2M 卡返回写入 IMSI 后的响应值给近场通信读写设备。

(8) 近场通信读写设备转发响应值给后台系统。

(9) 后台系统确认该 RF-M2M 卡完成现场写卡，更新管理状态。

(10) 后台业务系统发送成功确认信息给近场通信读写设备。

(11) 近场通信读写设备转发成功信息给 RF-M2M 卡，RF-M2M 卡可以使用。

结合利用近场通信的嵌入式 SIM 卡，通过近场通信功能完成对嵌入式 SIM 卡的号码写入并实时开通，不仅保证了运营商对号码资源的有效使用，也同时为车载等基于移动通信的物联网业务提供了新的业务模式。

7.3　嵌入式 SIM 卡的发展状况

全球移动通信运营商从 2002 年就已开始积极推动物联网业务的发展，在北美，M2M 被应用于医疗设备检测和车辆跟踪。在日本，M2M 被应用于车辆防盗服务系统，该系统可以在车辆被盗时主动向车主发送提示信息。在欧洲和韩国，M2M 商用于安全检测、机械服务、维修服务、自动售货机、公共交通系统、车队管理、工业流程自动化、电动机械、城市信息化等多个领域。

全球最早介入到 M2M 市场的运营商 Telenor，与 Fortum Distribution 公司在瑞典合作了智能电表项目，Fortum 公司要求能够提供支撑 83.5 万个瑞典家用电表的管理方案，所使用的设备、通信系统和运营系统至少能够使用 10 年以上，并提供开发特殊功能服务和售后维护服务。Telenor 基于移动网的数据通信方式提供远程通断电、用电信息、预付费、负载控制和故障预警等功能。通过该项目，Fortum 公司创造了与客户更好的交流方式，并通过对各种上传到服务器数据的分析，合理分配电网供电并降低了二氧化碳的排放。作为欧洲 M2M 业务领先的运营商，Orange 公司则将物流/车辆管理作为主要的 M2M 应用。Orange 公司通过 2 种方式实现物流/车辆管理，第一种是 GPS+SIM；第二种是传感终端+SIM。GPS+SIM 方式是通过 GPS 实现定位，然后通过短信方式将车辆位置信息发送至企业；传感终端+SIM 方式是通过传感终端获取车辆行驶数据，通过 GPRS 的方式获取企业优化的路径等指令。Orange 公司的客户均为全球的船运、陆运、冷冻柜运输的著名企业，如 UPS，Lufthansa 和 GEFCO 等。Orange 下一步关注的应用聚焦在医疗、供应链管理、商业流程优化和远程监控 4 个方面。

在医疗方面，物联网主要应用于远程监控高血压病人的病理数据；在供应链管理方面，物联网主要应用于包裹追踪、现金追踪和冷冻物品供应链管理；在商业方面，物联网流程优化主要应用于卡车运行数据传输；在远程监控方面，物联网主要应用于工业室内液体加热监控。德国整合了 GSM/GPRS 装置的 "KnowWhere" 多功能一体化外套，该外套内置了以 M2M 模块为核心的手机、MP3 播放器、耳机、麦克风和紧急呼叫等功能，穿上该外套的用户，不仅能打电话、听音乐，更重要的是可以随时对自己的位置定位。作为 M2M 领域的突出代表，Kindle 电子书阅读器所受到的消费者热捧充分展现出融合领域的创新机遇和市场潜力。利用嵌入在电子书阅读器中的嵌入式 SIM 卡，通过移动通信数据通道，直接访问亚马逊指定的网站，直接购买或下载电子书。据英国券商 Collins Stewart 估算，亚马逊在 2009 年共发售 55 万部 Kindle，总营业收入为 3.014 亿美元，并于 2010 年大幅增长至 6.714 亿美元。Kindle 电子书阅读器催生了全新的商业模式，为运营商、终端制造商、芯片厂商和内容提供商提供了更为广阔的利润增长空间。

中国移动也制定了物联网应用标准规范，发布了无线传感网络通信协议，并在传媒、市政公用、环保、农业、交通、教育、电力和家庭等多方面推出了物联网应用。其中在环保方面，中国移动的"感知太湖"应用，通过在太湖水域布防水文监测传感器，通过无线网络，及时采集、传输太湖水域的水质变化，洞悉各污染源排污情况，做到水文的动态和实时观测，主动分析、预测水污染情况。事实上，3G 在全球的深入发展以及无线技术的飞速提升，正推动着终端厂商开发出越来越多的融合终端，从而在诸如移动互联网、移动医疗、移动商务和新兴 M2M 服务等方面充分挖掘其巨大的市场潜力。

思 考 题

1. 简述嵌入式 SIM 卡基本结构，主要特点和功能。
2. 简述 M2M 概念。
3. 试分析 SIM 卡应用领域。

第 8 章　物联网综合实践平台设计与实现

8.1　系统总体设计

系统(见图 8.1)由安防、家电控制(热水器、空调)、环境信息、门禁、互联网、GPRS

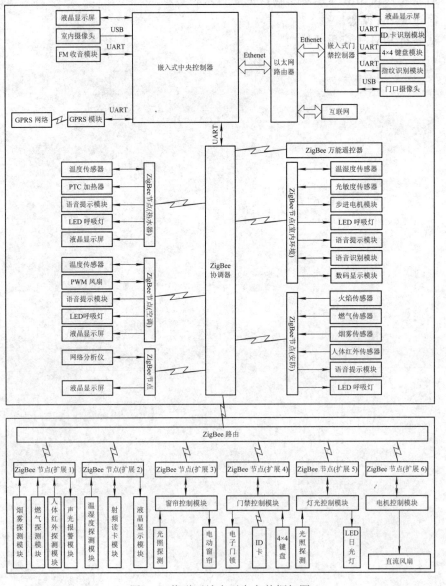

图 8.1　物联网综合平台主体框架图

网、中央控制器及实训扩展等几大模块组成。中央控制器由 ARM 嵌入式系统、LCD 显示屏、室内摄像头及 FM 收音机等组成。门禁部分由 ARM 嵌入式门禁控制器、指纹识别模块、ID 卡识别模块、门口摄像机、LCD 显示屏组成。

安防部分由红外人体感应、火焰传感器、燃气传感器、烟雾传感器等组成。环境信息部分由温度、湿度及光照度传感器组成。家居部分由灯光、窗帘、家电控制等组成。互联网由路由器和互联网络组成。GPRS 部分由 GPRS 模块和 GPRS 网络组成。

8.2　系统主要模块功能分析

8.2.1　中央控制器模块

中央控制器采用 S3C6410+Linux 操作系统，通过 Qt 界面功能菜单或接收来自互联网络及手机的指令信息，控制实训平台的各个终端。

8.2.2　室内环境模块

室内信息包括室内温度、室内湿度及室内光照度等信息。室内控制包括灯光及窗帘的控制。

中央控制器接收互联网络、手机或中央控制器 Qt 界面功能菜单控制灯光及窗帘的命令，通过 ZigBee 网络将控制命令发送给由 CC2530 构成的终端节点，控制灯光的亮灭及窗帘的开合；在自动情景模式中，通过检测室内光照度等信息，完成灯光及窗帘的自动控制。

语音识别模块完成简单的语音命令处理功能，对"开灯""关灯""开窗帘"及"关窗帘"等简单的语音命令进行正确识别并执行。语音提示模块完成对命令执行结果及相应信息的语音提示，比如"灯已打开""窗帘已关闭"。

数码显示模块显示室内温度及湿度信息。步进电机模块通过转盘指针的方式模拟窗帘的开合。

8.2.3　安防模块

安防模块由火焰、烟雾、燃气及人体红外 4 种传感器及终端检测控制器组成，完成防火、防爆及防盗探测报警。在正常布防状态下，当终端控制器检测到报警信号后，通过 ZigBee 网络将报警信息发送给中央控制器，中央控制器启动设定的预警方案。

布防及撤防的方式：中央控制器界面、无线遥控、手机远程及互联网 4 种方式。安防模式：有人、无人两种模式。报警方式：本地声光报警、远程手机信息报警。语音提示模块完成语音报警提示，比如"着火了""冒烟了""抓小偷"。

8.2.4　热水器和空调控制模块

实训平台采用由 CC2530 构成的家电控制板来代替实际生活中的空调和热水器。具有定时开启、声光提示、ZigBee 无线通信的功能。当控制家电时，中央控制器接收互联网络、手机或中央控制器 Qt 界面功能菜单控制命令，通过 ZigBee 网络将控制命令发送给由

CC2530 构成的终端节点，控制相应的家电。语音提示模块完成对家电控制结果的提示，比如"水烧好了，可以洗澡了"。

8.2.5　门禁模块

门禁模块主要实现指纹识别、ID 卡识别、可视对讲、图像留言等功能。门禁控制器采用 S3C6410+Linux 操作系统，通过 Qt 界面功能菜单实现门禁各项功能。指纹识别：通过指纹模块扫描来人的指纹，然后将采集的指纹数据与指纹模块库中的指纹信息对比。如果指纹信息和存储的信息匹配，则身份验证通过就自动打开门，反之拒绝开门。

ID 卡识别：采集来人的 ID 卡信息，然后与信息库中的信息对比，如果对比成功，门禁模块自动开门，反之拒绝开门。可视对讲：门禁模块与中央控制器都采用真彩 7 寸触摸屏和摄像头，实现人、机交互。当有客人来访时，访客按照门禁控制器界面提示，点击相应的按钮，呼叫室内中央控制器。中央控制器接到呼叫请求后，发出声光(门铃声或音乐)信息，告知室内主人有客到访。室内主人收到信息后，点击控制器应答按钮，此时建立单向可视对讲(只有室内能看到门禁控制器前的访客)。通过验证后，室内主人点击相应的按钮，向门禁控制器发出开门信号，门禁控制器收到开门信号后打开门，让客人进入。

图像留言存储：当有客人来访时，如果主人不在，可通过提示将个人图像存储在中央控制器上，供主人回来后查看到访者图像信息。文本留言存储：当有客人来访时，如果主人不在，可通过提示输入文本留言信息并发送到中央控制器上，供主人回来后查阅到访者文本留言信息。

8.2.6　网络远程控制

通过个人电脑的网络浏览器访问中央控制器内嵌服务器，与中央控制器建立交互连接，登录控制页面能查询室内的各传感器信息、查询连接到终端的家电状态信息。通过与中央控制器交互，远程控制家电的运行和停止、安防设备的布防和撤防；通过中央控制器的摄像头实时查看室内情况。访问门禁控制器内嵌服务器，与门禁控制器建立交互连接，可以以相同的方式访问门禁控制器，看到门禁控制器发来的实时图像，并控制门禁系统。

手机远程控制可通过 GSM 手机的 GPRS 网络与中央控制器交互连接，以短信方式查询室内的各传感器信息、查询连接到终端的家电信息。通过与中央控制器交互，远程控制家电的运行和停止、安防设备的布防和撤防。

ZigBee 万能遥控器是由 CC2530 组成的一个终端节点，用户对遥控器的操作指令通过协调器转发到中央控制器，中央控制器解析后通过 ZigBee 网络将控制命令发送到相应的终端节点。ZigBee 万能遥控器完成安防模块、家电模块及实训平台扩展部分相对应功能的无线控制。

8.2.7　实训平台功能扩展

实训平台扩展由 ZigBee 路由和 6 个 ZigBee 扩展节点及网孔板架组成，ZigBee 扩展节点与 ZigBee 路由组网时进行绑定，节点只能通过路由与协调器进行通信。

中央控制器通过 Qt 界面扩展模块功能菜单对实训平台扩展功能部分进行交互控制。扩展部分功能与实训平台功能类似，全部以模块化和实物化的方式体现，可以自由组合，根据用户的创意实现 DIY。

8.3　门禁子系统详细设计与开发

8.3.1　系统硬件架构设计

1. 硬件设计的原则

(1) 性能高。本产品需要运行人脸识别算法，图像处理的运算量比较大，因此对系统的响应时间有较高的要求。为了提高系统的响应速度，在硬件选型时，要采用性能和主频较高的处理器。系统还需要存储用户信息的数据库，对存储器容量和读写速度有要求，在选型和设计时，要采用较大容量和访问速度更快的外部存储器。

(2) 稳定性高。系统的稳定性首先取决于硬件工作的稳定性。采用成熟的硬件模块能有效地提高硬件系统的稳定性。另外，合理的电源设计和系统信号规划也决定了系统的稳定性。

(3) 模块化。在设计系统平台硬件架构时，有意识地采用模块化的设计思想，将系统设计成多块电路板叠加的形式。核心板是主处理器的最小系统，底板负责电源管理和提供处理器与外设之间的转接口，主板上集成了人机交互的各种外设。多块电路板之间使用稳定的接插件连接在一起，组成一个完整的硬件系统。模块化的设计方便各子模块独立调试、维护、升级。

(4) 方便调试。软件调试比较方便、成本低、容易修改，而硬件调试需要设备(万用表、示波器、信号发生器等)来测试信号，需要焊接设备来修改电路(飞线、焊器件等)，需要时间和资金来多次制板。因此，在硬件设计阶段一定要为硬件的调试做好准备，常用的方法有：为关键的信号引出测试点，使用 LED 显示各个模块的工作状态，使用跳线来隔离各个模块或者使能某些复用功能等。

2. 门禁控制器硬件架构设计

门禁系统平台是基于 ARM11(S3C6410)和多重识别技术实现的一种新型嵌入式门禁。其中门禁控制器的硬件设计方案采用了多板模块化的设计，主要分成三个部分：核心板、底板、主板。

门禁控制器的硬件架构示意图如图 8.2 所示。

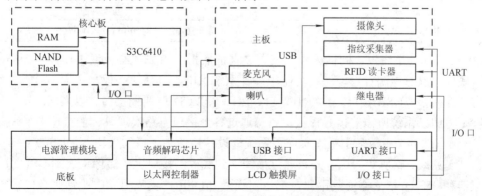

图 8.2　门禁控制器硬件架构示意图

(1) 第一部分是核心板。采用了友善之臂的 Tiny6410 核心板。Tiny6410 嵌入式核心板以 ARM11 芯片(三星 S3C6410)作为主处理器。Tiny6410 核心板尺寸小巧,为 64 mm×50 mm。它的外部存储器容量大，采用了 256M DDR RAM, MLC NAND Flash(2GB)存储器。核心板上电源管理功能完善，5 V 供电，在板实现 CPU 必需的各种核心电压转换，并且使用了专业的复位芯片。核心板两侧的 2.0 mm 间距排针引出了处理器所有的引脚，使得开发者可以使用各种常见的接口资源，可以直接被拿来用于二次开发。核心板实物如图 8.3 所示，资源特性如表 8.1 所示。

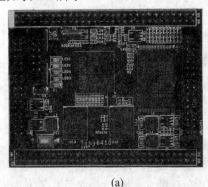
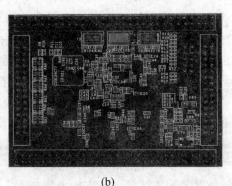

(a)   (b)

图 8.3 Tiny6410 核心板实物图

(a) 核心板正面；(b) 核心板背面

表 8.1 Tiny6410 核心板资源特性表

资源名称	特 性 描 述
CPU 处理器	Samsung S3C6410A，ARM1176JZF-S，up to 667 MHz
RAM 存储器	256 DDR RAM
Flash 存储器	2GB MLC Nand Flash
接口资源	−2×60 pin 2.0 mm space DIP connector −2×30 pin 2.0 mm space GPIO connector
板上资源	4 个 LED 指示灯 10 pin 2.0mm space JTAG connector 复位按键
电源特性	2.0～6 V
PCB 尺寸	64 mm×50 mm×12 mm (L×W×H)

(2) 第二部分是底板。同样采用了友善之臂的底板。首先核心板通过排针直接插在底板上。底板上具有电源管理模块，为整个硬件系统供电，包括核心板、主板和底板。底板还具有音频接口、USB 接口、UART 接口、I/O 口、LCD 屏四线接口、以太网接口。底板的功能是将门禁系统所需的核心板接口资源通过各个接口电路实现具体的接口。

(3) 第三部分是主板。主板上集成了系统外设：摄像头、指纹采集器、RFID 读卡器、继电器、麦克风、喇叭等。这些外设通过接线连到底板的接口上：摄像头连到 USB 口，指纹采集器和 RFID 读卡器连到串口，继电器连到 I/O 口，麦克风和喇叭连到音频输入/输出口。

3. 室内控制器硬件架构设计

室内控制器的硬件架构设计与门禁控制器相同，也是采用了核心板、底板、主板的设计。核心板、底板与门禁控制器的核心板、底板相同，不再赘述。室内控制器具有 GSM 模块，因此室内控制器的主板上集成了 GSM 模块，通过 PCI Express Mini Card 接口连接到底板的 I/O 口上。室内控制器硬件架构图如图 8.4 所示。

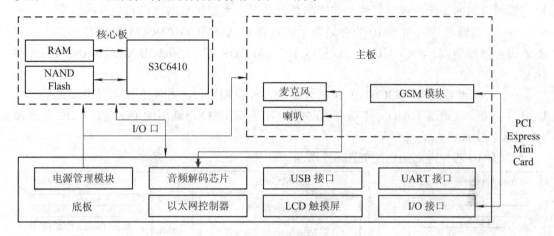

图 8.4　室内控制器硬件架构图

8.3.2　硬件选型

1. 主处理器的选型

在选择主处理器时主要考虑满足系统人机交互、实时控制、图像算法处理的需求。如果仅仅处理图像算法，那么数字信号处理器(Digital Signal Processing，DSP)是最佳的选择。它的特点就是数字信号处理能力强，适合算法运算和多媒体信息的处理。但是它的寻址范围有限，I/O 口功能少，不适合用于实时控制，更加不适合作为人机交互的主处理器。

在嵌入式设备中，ARM 处理器是常用的处理器。ARM 处理器的特点是：

(1) 体积小、功耗低、成本低、性能高。

(2) 支持 Thumb(16 位)/ARM(32 位)双指令集，对 8 位/16 位器件兼容性好。

(3) 寻址方式灵活简单，执行效率高。

(4) 大多数数据操作都在寄存器中完成。

(5) 指令长度固定。

(6) 大量使用寄存器，指令执行速度更快。

ARM 架构，过去称作高级精简指令集机器(Advanced RISC Machine，更早称作 Acorn RISC Machine)，是一个 32 位精简指令集 (RISC) 处理器架构，其广泛地应用于嵌入式系统设计(平板、移动电话、多媒体播放器、掌上型电子游戏、路由器)。它能满足本文系统平台对人机交互、实时控制、图像算法处理的需求，因此采用 ARM 作为主处理器。

根据本系统平台的实际需求，在 ARM 芯片的具体选型时，出于以下几方面的考虑，选择 ARM11 三星 S3C6410 作为主处理器。

(1) 内核。ARM11 是基于 ARMv6 架构设计的，架构是决定性能的基础。ARMv6 架构是根据嵌入式设备的需求而制定的。因此 ARM11 的媒体处理能力强、功耗低、体积小，并且数据吞吐量高、性能强；同时，它的实时性能和浮点处理能力也很优秀，因此 ARM11 可以用于算法运算的应用。

(2) 工作频率。ARM 微处理器的系统工作频率决定了它的处理能力。三星 S3C6410 主频可以达到 667 MHz。内核和 Cache 及协处理器之间的数据通路是 64 位的。这使处理器可以每周期读入两条指令或存放两个连续的数据，以大大提高数据访问和处理的速度。

(3) 存储器容量。S3C6410 的存储器系统具有 FLASH/ROM/DRAM 和 DRAM 端口、双重外部存储器端口。S3C6410 核心板集成了 256M DDR RAM 和 2GB MLC NAND Flash 存储器。

(4) 外部设备接口。S3C6410 包括许多硬件外设和接口，方便连接各种外部设备。如 USB 主设备、4 通道 UART、4 通道定时器，32 通道 DMA，通用的 I/O 端口，IIC 总线接口、IIS 总线接口。

S3C6410 芯片内部架构图如图 8.5 所示。

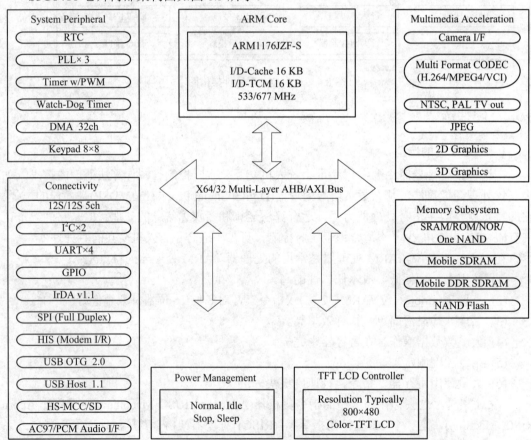

图 8.5　S3C6410 芯片内部架构图

2. 主要外设的选型

1) 摄像头选型

在嵌入式设备开发中，常用的摄像头有 CMOS 摄像头和 USB 摄像头两种，如图 8.6

所示。CMOS 摄像头体积小、成本低，但是安装方式固定；USB 摄像头安装方式灵活、通用性强、维修替换方便。因此本系统采用 USB 摄像头。

(a)　　　　　　　　　　　　　　　　　(b)

图 8.6　常用的摄像头

(a) CMOS 摄像头；(b) USB 摄像头

现在市场上应用最广泛的是中芯微公司生产的 ZC301 芯片的 USB 摄像头。ZC301 芯片采用 JPEG 硬件压缩方式，截取到的图片直接就是 JPEG 格式，这样可以大大缩小由于软件压缩耗费的时间，便于网络多媒体的应用。

2) 指纹识别模块选型

市面上指纹模块很多，我们采用了 TFS-M61 指纹开发模块，如图 8.7 所示。该模块是具有指纹录入、图像处理、特征值提取、模板生成、模板储存、指纹比对和搜索等功能的智能型模块。

图 8.7　TFS-M61 指纹开发模块

它相比于其他模块具有以下几个优点：

(1) 该指纹模块采用高精度光路和成像元件，因此指纹识别速度快。

(2) 该指纹模块采用的是 TI 的 DSP 作为处理器，比其他的平台芯片稳定至少 30%。

(3) 该指纹模块模块采用模块化设计，指纹传感器 + 处理主板 + 算法平台三大结构，因此模块系统稳定性高。

(4) 主处理器使用串口 UART 操作控制该指纹模块工作，开发方便，可供学习参考的资料也很丰富。

(5) 该指纹模块提供开放的协议，用户可以获得指纹图片、指纹特征值等文件。

3) RFID 卡模块和 GSM 模块选型

ID 卡模块采用 M106BSNL-19200，125K 的 RFID 射频读卡器，如图 8.8(a)所示。该读卡模块完全支持 EM，TK 及其 125 KB 兼容 ID 卡片的操作，自带看门狗。目前，其广泛应用于门禁考勤，汽车电子感应锁配套，办公/商场/洗浴中心储物箱的安全控制，各种防伪系统及生产过程控制。

GSM 模块采用的是中兴的 MF210，如图 8.8(b) 所示。MF210 是一款支持 GSM/GPRS/EDGE 850/900/1800/1900 多频段 HSUPA 的 3G 模块，可以提供移动环境下的 WCDMA，GSM/GPRS，EDGE (EGPRS) 和 HSUPA 高速数据接入服务。MF210 与 S3C6410 之间采用 PCI Express Mini Card 接口。本系统虽然只需要收、发短信的功能，但采用 3G 模块可以方便以后的功能扩展和升级。

(a)   (b)

图 8.8   RFID 和 3G 模块

(a) M106BSNL-19200 模块；(b) 中兴 MF210 模块

8.4   门禁系统嵌入式软件开发

8.4.1   搭建软件开发平台

1. 嵌入式 Linux 操作系统

对于功能复杂，具有人、机交互界面的嵌入式设备，需要采用嵌入式操作系统来负责系统中的软、硬件资源分配，对需要处理的任务进行调度，以及对并发任务进行协调和控制。目前，可供选择使用的嵌入式操作系统有：VxWorks，WinCE，μC/OS-Ⅱ，嵌入式 Linux 等。

(1) VxWorks 是一种嵌入式实时操作系统。它的优点：用户开发环境良好，优秀的实时性，内核性能优良，在军事、航空航天等领域被广泛的应用。它的缺点：没有开放源代码，需要购买相关的开发许可，经过专门的培训之后才能进行开发和维护，开发成本较高。

(2) Windows CE 是微软公司的嵌入式操作系统。它的优点：强大的多媒体功能，丰富的软、硬件资源，开发流程类似 PC 机上的 Windows 程序。它的缺点：部分开放源代码，也需要购买授权许可，占用系统资源较多。

(3) μC/OS-Ⅱ 是一款基于优先级的抢占多任务实时操作系统。它的优点：实时性比较高，支持的处理器很多。它的缺点：虽然可以获得其全部代码，但是用于商业目的时需要购买授权，而且功能不够完善。

(4) 嵌入式 Linux 的优点：源代码完全开放，无需授权购买，而且还可以根据实际情况进行定制裁剪，可利用的开发资料也比较多。它的缺点：实时性还要进一步提高。

每一个嵌入式操作系统都有自身的优、缺点，要根据项目的实际情况选择合适的操作系统。本节要开发的设备是基于 ARM 处理器，需要运行图像算法，拥有人、机交互界面，且属于网络型，软、硬件资源紧张的嵌入式设备。因此选择嵌入式 Linux 作为操作系统。这主要由于其源代码开源，具有大量的软件资源，能够得到丰富的技术支持；其内核功能完善，高效稳定，具有强大的运算处理能力，并且易于裁剪，适合软、硬件资源紧张的嵌入式设备的开发，而且其支持的体系结构很多，尤其是 ARM。嵌入式 Linux 的网络通信功能完善，常用于网络型设备的开发。它支持多种文件系统和图形系统，适合开发具有人、机交互界面的设备，并有大量的硬件驱动，支持各种常见外设。同时，它具有很多优秀的、免费的开发工具和开发环境。

2．Qt 平台

采用 Qt 来开发本门禁系统平台的人、机交互界面。Qt 是一个跨平台的 C++图形用户界面应用程序框架。它把开发图形界面程序所需的所有功能提供给了应用程序开发者。Qt 很容易扩展，并且允许真正地组件编程。最新版的 Qt 已经可以开发安卓应用程序。使用 Qt 进行开发具有以下几个优势：

(1) 优良的跨平台特性。Qt 支持下列操作系统：Microsoft Windows，Linux，Solaris，SunOS，HP-UX，FreeBSD，BSD/OS，等等。

(2) 面向对象。Qt 的良好封装机制使得 Qt 的模块化程度非常高，可重用性较好，对于用户开发来说是非常方便的。Qt 提供了一种称为 signals/slots 的安全类型来替代 callback，这使得各个元件之间的协同工作变得十分简单。

(3) 丰富的 API 和开发文档。Qt 包括多达 250 个以上的 C++类，还提供基于模板的 collections，serialization，file，I/O device，directory management，date/time 类。甚至还包括正则表达式的处理功能。

3．搭建 Qt 开发环境

门禁控制器和室内控制器的操作界面采用 Qt 编写，所以需要在 PC 的 Ubuntu 系统中安装 QtCreator。QtCreator 是 Qt 被 Nokia 收购后推出的一款用于 Qt 开发的轻量级跨平台集成开发环境。QtCreator 提供的集成开发环境(IDE)是专为跨平台开发而设计的。QtCreator 方便易用，即使是 Qt 的初学者也能迅速上手和操作。总之，QtCreator 是一个简单易用且功能强大的 IDE。它使开发人员能够利用 Qt 这个应用程序框架更加快速地完成开发任务。

我们还需要在嵌入式平台上部署 Qt 环境。先在 PC 端下载 Qt 的源码包，然后使用交叉编译工具链 arm-linux-gcc 将源码包编译打包成 qt4.7.tgz，最后将 qt4.7.tgz 文件解压到平台/opt 目录下，这样就部署好了。

4．Qt 界面程序的开发

系统使用 Qt 开发平台设计了控制器的操作界面程序，具有界面美观友好、操作方便的特点。Qt 程序使用 C++语言开发，它的核心处理机制是信号和槽。信号和槽通过 connect()函数连接，可以实现一个信号连接多个槽，多个信号连接一个槽。connect()函数是 QObject 类中的静态函数，其函数原型为

　　　Bool Qobject::connect(const Qobject* sender, const char* signal, const Qobject* reciver, const char* member)

为了系统中每个模块都能独立高效地运行，在本系统 Qt 程序中为每一个界面模块都设计了一个线程。程序使用 Qt 自带的线程类 QThread。

以视频对讲界面模块的程序设计为例，描述 Qt 界面程序开发的过程。本系统设计了门禁控制器与室内控制器之间实时视频对讲功能。

首先规划好界面布局，放置启动摄像头和通话的按键以及图像显示的 label 控件。QtCreator 界面布局的开发环境如图 8.9 所示。

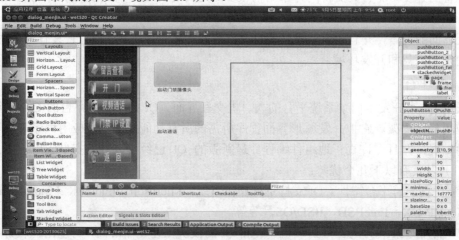

图 8.9　QtCreator 界面布局的开发环境

然后创建一个 UDP 收、发视频数据的线程对象，Thread_UDPshexiangtou = new QThread；该线程对象通过建立 UDP 连接，向门禁控制器发送打开门禁摄像头的指令，并接收来自门禁控制器的视频数据。

在 CPP 文件中连接好按键信号和处理槽函数，例如启动摄像头：

```
connect(start_sxt_pushbutton，SIGNAL(clicked())，this，SLOT(slot_start_sxt()));
```

clicked()是信号，slot_start_sxt()是槽。当用户按下启动摄像头按键时触发 clicked()信号，该信号触发与之连接的槽，执行槽函数 slot_start_sxt()。

最后在处理函数 slot_start_sxt()中启动该线程，就可实现打开摄像头的操作。最后的实际运行效果图如图 8.10 所示，此为室内控制器的界面，测试人员正站在门禁控制器的摄像头处。

图 8.10　Qt 界面程序实际运行效果图

5. 开源计算机视觉库 OpenCV

为了高效快速地实现系统人脸识别功能，选用 OpenCV 开源函数库(Open Source

Computer Vision Library)。OpenCV 是一个基于开源发行的跨平台计算机视觉库，可以运行在 Linux，Windows 和 Mac OS 操作系统上。它轻量级而且高效，由一系列 C 函数和少量 C++类构成，实现了图像处理和计算机视觉方面的很多通用算法。OpenCV 对非商业应用和商业应用都是免费的。OpenCV 一般应用在人、机交互，物体识别，图像分区，人脸识别，动作识别，运动跟踪等领域。

要在系统平台的 Qt 程序中使用 OpenCV 库，因此要先将 OpenCV 函数库进行交叉编译和移植到嵌入式平台上。过程如下：

(1) 解压缩源文件包 OpenCV 2.0 到目标文件夹：

    #cd /opt
    #tar -xjvf OpenCV-2.0.0.tar.bz2
    #cd OpenCV-2.0.0

(2) 在 PC 机上的配置：

    #/.configure- -without-gtk- -without-carbon- -without-quicktime- -without-1394libs- -without-ffmpeg- -without-python- -without-swig- - enable-static- -enable-shared- -disable-appsCxx=g++- -with-v412- -prefix=/opt/x86/OpenCV- -libdir=/opt/x86/OpenCV/lib-includedir=/opt/x86/ OpenCV/include

(3) 在 ARM 平台上配置：

    #./configure- -host=arm-linux- -without-gtk- -without-carbon- -without-quicktime- -without-1394libs- -without-ffmpeg- -without-python- -without-swig- -enable-static- -enable-shared- -disable-apps   CXX=arm-linux-g++CPPFLAGS=-I/opt/FridendlyARM/toolchain/4.5.1/arm-none-linux-gnueabi/ include LDFLAGS=-L/opt/FriendlyARM/toolchain/4.5.1/arm-none-linux-gnueabi/lib- -with-v412- -prefix=/opt/ arm/OpenCV--libdir=/opt/arm/OpenCV/lib-includedir=/opt/arm/OpenCV/include

(4) 编译配置内容，这个过程需要等待一段时间。

    #make
    #make install

(5) 将/opt/arm/OpenCV/lib 里的 libcvaux.so.4.0.0，libcv.so.4.0.0，libcxcore.so.4.0.0，libhighgui.so.4.0.0，libml.so.4.0.0 拷贝出来全部重命名为 *.so.4。

(6) 对 Qt 中*.pro 文件进行设置，对 PC 和 ARM 上运行的 Qt 进行不同的设置。

在 PC 上运行的 Qt 中设置：

    INCLUDEPATH += /opt/x86/OpenCV/include/OpenCV
    LIBS += -L/opt/x86/OpenCV/lib -lcv -lhighgui -lcxcore

将 OpenCV 的 lib 路径加入 /etc/ld.so.conf 并执行命令 ldconfig：

    # cat /etc/ld.so.conf
    # include ld.so.conf.d/*.conf
    # echo "/usr/local/lib" >> /etc/ld.so.conf
    # ldconfig

在 ARM 上运行的 Qt 中设置：

    INCLUDEPATH += /opt/arm/OpenCV/include/OpenCV
    LIBS += -L/opt/arm/OpenCV/lib -lcxcore -lhighgui -lcv

(7) 将 OpenCV 的 lib 路径加入到 LD_LIBRARY_PATH 变量中。

6. 交叉编译环境的建立

由于嵌入式系统没有足够的内存和存储资源来编译可执行代码，这要求在 PC 上建立好的交叉开发环境中进行交叉编译和链接。交叉编译环境就是在一个平台上生成另一个平台的可执行代码。应用中，它指的是在 X86 为 CPU 的 PC 机上将代码编译成可以在 ARM 为 CPU 的嵌入式平台上运行的程序。建立交叉编译环境的步骤为：先在 PC 机上安装 Linux 系统，本文采用 Ubuntu，然后安装交叉编译工具链 arm-linux-gcc，为了调试方便，进一步安装网络文件系统 NFS (Network File System)。

1) 安装交叉编译工具链

(1) 首先以 root 用户登入。

(2) 复制 arm-linux-gcc-4.3.2.tgz 到根目录下 tmp 文件夹里。

(3) 解压命令 tar -xvzf arm-linux-gcc-4.3.2 -C /。

(4) 配置编译环境路径，在控制台下输入 gedit /root/.bashrc，会出来文本编辑器。在文件最后(最后一行)加上代码：export PATH=/usr/local/arm/4.3.2/bin:$PATH。

保存并关闭后，注销当前用户，用 root 账号重新登录系统，使刚刚添加的环境变量生效。此时可以在控制台输入：arm-linux-gcc–v，如果安装成功，将会输出当前系统中 arm-linux-gcc 的版本号，如图 8.11 所示。

图 8.11 arm-linux-gcc 的版本号

2) 安装网络文件系统 NFS

(1) 硬件环境。主机、开发板、路由器(可以不用，但是为了能一边进行开发一边上网查资料需要加入路由器)、网线。要将虚拟机内 Ubuntu 的网络改成桥接，开发板和主机的 IP、网关、DNS 设置好，和路由在一个网段即可。

(2) 配置开发板。

设置 IP：#ifconfig eth0 192.168.0.232 up。

设置路由：#route delete default，

　　　　　#route add default gw 192.168.0.1。

设置 DNS：在开发板界面上启动终端：#vi /etc/resolv.conf，然后将值设置成路由器提供的 DNS 值。

(3) 配置主机：

① 安装 NFS。

  $ sudo apt-get install nfs-kernel-server

② 配置 NFS。

  $ sudo dpkg-reconfigure portmap，对 Should portmap be bound to the loopback address? 选 N

  $ sudo /etc/default/portmap 末行清除 "-i 127.0.0.1"

③ 设置/etc/hosts.deny 和/etc/hosts.allow 文件来限制网络服务的存取权限。

  /etc/hosts.deny

  portmap:ALL

  lockd:ALL

  mountd:ALL

  rquotad:ALL

  statd:ALL

  /etc/hosts.allow

  portmap:192.168.0.

  lockd:192.168.0.

  mountd:192.168.0.

  rquotad:192.168.0.

  statd:192.168.0.

④ 配置/etc/exports。

  $ sudo gedit /etc/exports

  文本末添加：

  /home/zjy/armshare *(rw，sync，no_root_squash)

  chmod 777 -R /home/zjy/armshare

  sudo exportfs –ar

⑤ 重启。

  sudo /etc/init.d/portmap restart 重启 portmap daemon.

  sudo /etc/init.d/nfs-kernel-server restart 重启 nfs 服务

⑥ 本机挂载测试。

  sudo mount -t nfs -o nolock localhost:/home/zjy/armshare /mnt/

(4) 挂载开发板。

① 修改 fstab。

原开发板文件系统中没有 fstab 这个文件，可以在主机里拷贝修改，再保存到开发板的
/etc 目录下。在文件最后一行输入：

  192.168.0.231:/home/zjy/armshare /mnt/disk/zjy nfs defaults 0 0

② 挂载。

  mount –t nfs –o nolock /mnt/disk/zjy

挂载 nfs 文件系统失败的原因：

a. 主机和网络不通。检查网线连接、主机和开发板 IP 是否在同一网段、防火墙有没有
关闭等。不仅虚拟机中 Linux 的防火墙要关闭，虚拟机外 XP 系统的防火墙也要关闭。

b. 使用的 mount 命令不正确。可以参照上面的例子改一下；或者 man nfs 查阅一下 nfs 的 man 文档，里面有 nfs 中 mount 的使用介绍和选项解释。

c. nfs 配置文件/etc/exports 配置不正确。可以参照上面的例子改一下；或者 man exports 查阅一下/etc/exports 的 man 文档。

d. 必要时重新启动 NFS 和 portmap 服务。

e. 内核不支持 NFS 和 RPC 服务(可能需要重新配置、编译、烧写内核)。普通的内核应有的选项为 CONFIG_NFS_FS=m，CONFIG_NFS_V3=y，CONFIG_NFSD=m，CONFIG_NFSD_V3=y 和 CONFIG_SUNRPC=mrpcinfo 命令，用于显示系统的 RPC 信息，一般使用 -p 参数列出某台主机的 RPC 服务。当使用 rpcinfo -p 命令检查服务器时，应该能看到 portmapper，status，mountd，nfs 和 nlockmgr。当用该命令检查客户端时，应该至少能看到 portmapper 服务(设备可能不带该命令)。由 rpcinfo -p 可知，nfs 使用的 port 为 2049，portmapper 使用 111port。

7. Bootloader、内核、根文件系统的移植

1) 移植 Bootloader

在嵌入式系统中，Bootloader 的作用与 PC 机上的 BIOS 类似，当运行操作系统时，它会在操作系统内核运行之前运行，完成对系统板上的主要部件如 CPU、SDRAM、Flash、串行口等的初始化。U-Boot 作为常用的 Bootloader 的一种，具有开源性、稳定性好、支持性好等优点，本文采用 U-Boot 进行移植。

系统启动流程图如图 8.12 所示。

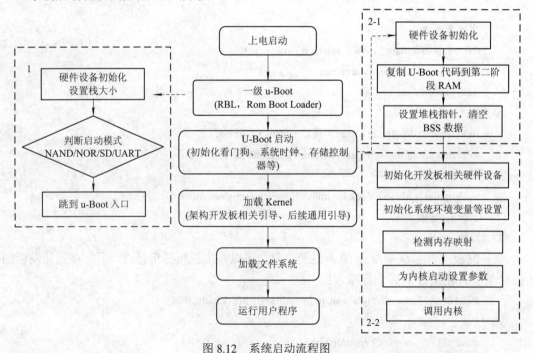

图 8.12　系统启动流程图

2) 移植内核和文件系统

使用 make menuconfig 命令进入内核配置界面，添加相应的驱动，如 LCD、Flash、USB、

网卡等，并对其进行裁剪，将不需要的驱动去掉，以节省嵌入式资源的占用。配置完成后进行编译，再将编译生成的内核映像文件使用 DNW 软件下载到嵌入式平台中。UBIFS 在设计与性能上均较 YAFFS2，JFFS2 更适合 MLC NAND Flsh。因此，本文采用 UBIFS 文件系统进行移植。

内核配置如图 8.13 所示。

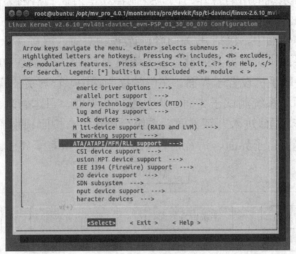

图 8.13　内核配置界面图

8.4.2　系统平台软件的架构设计与实现

1. 系统平台的软件架构和设计思想

本系统平台的软件架构基本上都采用了界面应用程序调用外设模块驱动程序的结构，如图 8.14 所示。这种结构使得软件系统具有可移植性、安全性和可扩展性。因为每个外设模块的功能函数实现都被封装在了对应的驱动程序中，并且驱动程序都会给出操作接口 API。界面程序只能通过 API 接口去操作外设，避免了一些对外设的误操作，保障了设备的安全性和系统的稳定性。当系统平台需要移植时，只需要修改界面程序或者使用部分的

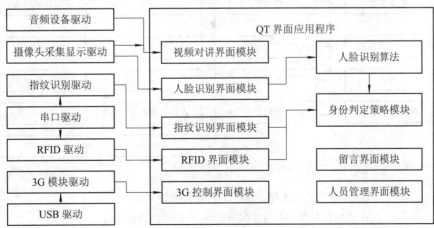

图 8.14　系统平台的软件架构图

驱动程序即可，使得系统平台容易修改和移植。当系统平台需要扩展功能时，只需增加相应的外设模块和驱动程序，就能快速地实现功能扩展。

2. 界面程序设计的实现

系统平台使用 Qt 设计了控制器的操作界面，具有界面美观友好，操作方便的特点。用户可在界面上完成对系统的所有操作。门禁控制器和室内控制器的界面程序设计的结构图如图 8.15 所示。界面层次结构按照功能的操作对象来安排，在室内控制器中对门禁控制器的操作都在门禁通信界面中，包括开/关门禁、音/视频对讲、留言查看三个子界面。对手机的操作在手机留言界面中。对自身的设置在系统设置界面中，包括：IP 设置子界面、日期/时间设置子界面、关联手机设置子界面。在门禁控制器中，管理员的操作都在登录界面中，包括系统设置子界面、系统测试子界面、人员管理子界面、日志管理子界面。用户的操作分为开锁界面和留言界面，进入开锁界面后系统会提示用户按照识别流程操作各个子界面，而留言界面包括文本留言子界面、语音留言子界面、图片留言子界面。

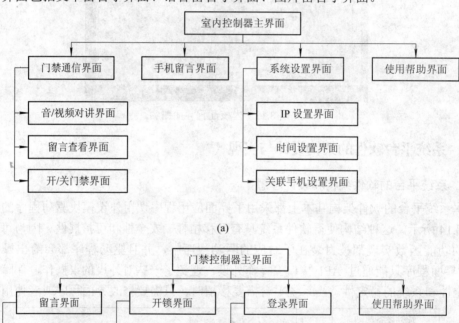

(a)

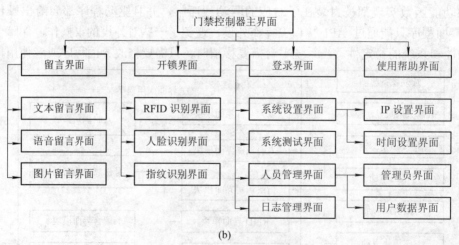

(b)

图 8.15　界面程序设计的结构图

(a) 室内控制器的界面结构图；(b) 门禁控制器的界面结构图

下面介绍系统中几个主要的界面设计。门禁控制器和室内控制器的主界面如图 8.16 所示。在图 8.16(a)上点击"留言"进入到留言界面，在图 8.16(b)上点击"门禁通信"可以查看之前的留言内容，开/关门禁或者开启音/视频对讲功能。在图 8.16(a)上点击"登录"，管理员进入到管理界面，用以管理用户、查看日志、测试系统和进行系统设置。如果用户未携带 RFID 卡，可以点击图 8.16(a)上的"门禁开锁"直接进行人脸识别。

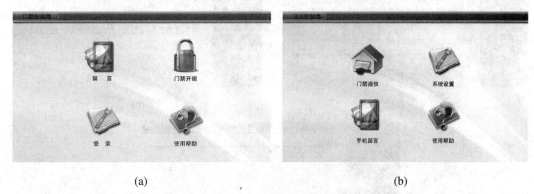

　　　　　　　　　　(a)　　　　　　　　　　　　　　　　　　　　　(b)

图 8.16　系统主界面

(a) 门禁控制器主界面；(b) 室内控制器主界面

　　　图 8.17 是室内控制器的系统设置界面。图 8.17(a)是设置关联的手机号的界面；图 8.17(b)是设置系统日期/时间的界面；图 8.17(c)是设置室内控制器 IP 地址的界面。

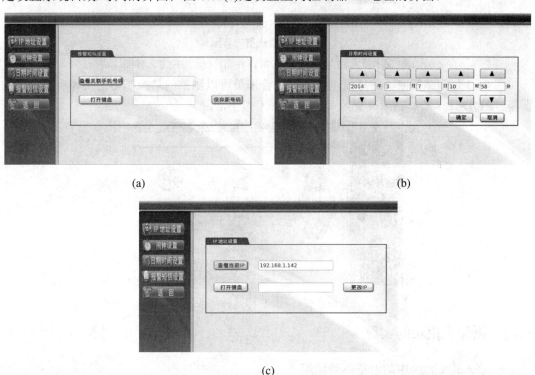

　　　　　　　　　　(a)　　　　　　　　　　　　　　　　　　　　　(b)

　　　　　　　　　　　　　　　　　　　(c)

图 8.17　系统设置界面

(a) 设置关联手机号界面；(b) 设置系统日期/时间界面；(c) 设置 IP 地址界面

　　　图 8.18 是门禁控制器的留言界面。图 8.18(a)是文本留言界面，可以输入英文大小写和数字；图 8.18(b)是语音留言界面，可以录音、播放语音，确认无误后提交；图 8.18(c)是图

片留言界面，系统将打开摄像头为用户拍照。

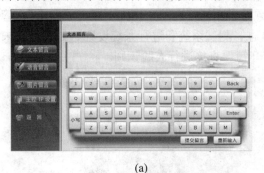

(a)

(b)

(c)

图 8.18　系统留言界面

(a) 文本留言界面；(b) 语音留言界面；(c) 图片留言界面

　　图 8.19 是门禁控制器的外设测试界面。管理员可以测试门禁控制器的摄像头、指纹识别器、RFID 读卡器、话筒麦克风等外设是否工作正常。

图 8.19　系统模块测试界面

8.4.3　摄像头模块的实现

1. 嵌入式 Linux 中的设备驱动程序

　　嵌入式设备驱动程序是一种可以使嵌入式设备与外设进行通信的特殊程序，可以说相当于硬件的接口。操作系统只有通过这个接口才能控制外设工作。假如某外设的驱动程序未能正确安装，便不能正常工作。正因为这个原因，驱动程序在系统中所占的地位十分重要。

　　Linux 操作系统与设备驱动之间的关系如图 8.20 所示。用户空间包括应用程序和系统调用两层。通过系统调用层，应用程序不需要直接访问内核空间的程序，增加了内核的安全性。如果应用程序需要访问硬件设备，那么应用程序先访问系统调用层，由系统调用层去访问内核层的设备驱动程序。这样的设计，保证了各个模块的功能独立性，也保证了系统的安全性。最底层是硬件层，这一层是实现具体硬件设备的抽象。设备驱动程序的功能就是驱动这一层硬件。大多数操作系统都具有多任务的特性，因此对于设备驱动程序来说，应该充分考虑并发、阻塞等问题。

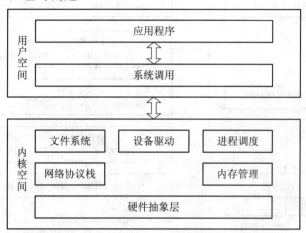

图 8.20 Linux 操作系统与设备驱动的关系图

2. 摄像头视频图像的采集与显示

本系统采用 video4linux2(V4L2)编写驱动程序采集 USB 摄像头图像，并在 Qt 界面中显示。V4L2 是 Linux 内核中关于视频设备的内核驱动，它为 Linux 中视频设备访问提供了通用接口。V4L2 与应用程序和摄像头的关系如图 8.21 所示。

V4L2 驱动的 Video 设备在用户空间通过各种 ioctl 调用进行控制，并且可以使用 mmap 进行内存映射。V4L2 常用接口如表 8.2 所示。

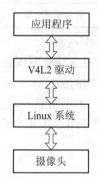

图 8.21 V4L2 与应用程序和摄像头的关系图

表 8.2 V4L2 常用接口

接 口 函 数	功 能 描 述
open();	打开一个 V4L2 设备
close();	关闭一个 V4L2 设备
ioctl();	对设备进行设置
mmap();	映射内核空间到用户空间
read();	从 V4L2 设备读取数据
write();	向 V4L2 设备写入数据
poll();	等待事件文件符

当系统使用 V4L2 进行操作时，首先要进行初始化，包括了打开摄像头、检查和设置

摄像头属性、设置帧格式、设置图像的缩放。然后申请和管理缓冲区，再利用指针把图像从申请到的缓冲区映射到应用程序，最后可以获取一帧图像，并对图像数据进行处理。具体流程图如图 8.22 所示。

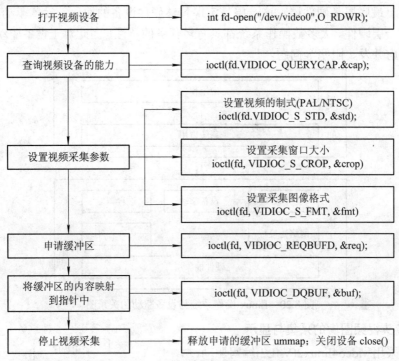

图 8.22　V4L2 采集视频图像流程图

系统通过 V4L2 获取图像数据帧之后，应用程序以 MJPEG 格式读入该帧数据，并将其保存为 JPEG 格式的图片。应用程序使用一个 QLabel 来显示保存的图片，每当有新的图片被保存时，QLabel 刷新显示，从而得到视频显示。系统获取摄像头图像并在 Qt 程序界面中显示的具体流程图如图 8.23 所示。

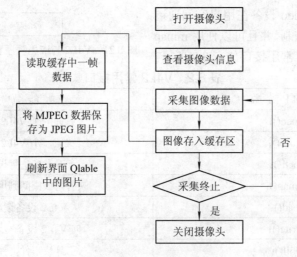

图 8.23　系统视频显示流程图

系统平台视频采集显示的实际运行效果图如图 8.24 所示。

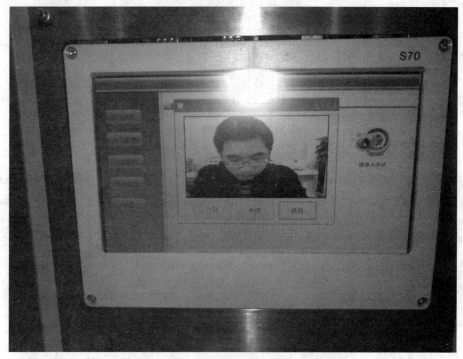

图 8.24　系统视频显示实际效果图

3. 视频图像传输的实现

因为本系统所使用的主处理器芯片 ARM11(三星 S3C6410)支持 H.264 格式的硬件编解码，所以本系统采用 H.264 格式传输视频图像数据。具体的传输步骤是：首先读取 V4L2 缓存中的数据，并将其通过 H.264 编码，然后使用 RTP 协议封装编码后的数据，最后通过 UDP 发送。室内控制器接收到之后进行解码和显示。具体流程图如图 8.25 所示。

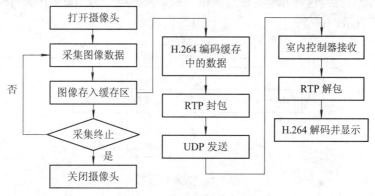

图 8.25　视频传输流程图

8.4.4　系统平台人脸识别功能的实现

本节将具体阐述系统实现人脸识别功能的过程。功能实现总体分为以下几步：使用 Qt 开发用户界面程序，通过摄像头获取图片，利用 OpenCV 函数库的 Haar 分类器实现人脸检测,再利用库中 PCA 算法实现人脸识别和训练。人脸识别的流程图如图 8.26 所示。

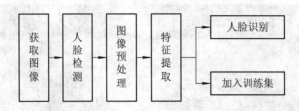

图 8.26　人脸识别流程图

1. 获取图片

通过摄像头获取图片,前面已经详细叙述过了,在此不再复述。但是由于 OpenCV 中图像的数据格式为 Iplimage,所以这一步需要将原先的 Qimage 格式的图片转化为 Iplimage。函数 ImageQTtoCV()和 ImageCVtoQT()实现 Qimage 和 Iplimage 之间的相互转化。系统通过 V4L2 获取的图片尺寸为 480×320,经过后续的测试,如表 8.3 所示,采用 256×256 的尺寸能降低人脸检测的时间。

表 8.3　不同尺寸图片的检测时间

图片尺寸/像素	Haar 特征检测一张图片的时间/ms
480×320	$500 \sim 600$
256×256	$400 \sim 500$

2. 人脸检测

OpenCV 中有很多关于人脸检测的级联分类器,采用的就是 OpenCV 中的"haarcascade-frontalface-alt.xml"分类器。因为该分类器在嵌入式平台上检测速度快、准确率高。程序中具体实现过程是:先使用 cvLoad()加载级联分类器,再使用 cvHaarDetectObjects()来进行检测,最后得到包含人脸的矩形区域返回,尺寸统一为 100×100。检测流程及相关函数如图 8.27 所示。

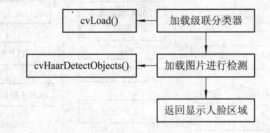

图 8.27　检测流程图

3. 图像预处理

为了能更稳定地提取特征值,需要对检测出来的人脸图像进行预处理。本文采用了灰度化、直方图均衡化这两个手段。灰度图像能够降低识别的运算量,并且能减少背景的影响,同时不影响特征提取和识别过程。直方图均衡化能够改善图像质量,使图像的对比度增强,减少光照的影响,提高特征提取的效果。

在程序中具体实现的过程是：先利用 cvCvtcolor()将检测到的人脸图像转化为灰度图像，利用 cvEqualizeHist()对其进行直方图均衡化处理。

4. 系统训练的实现

在进行人脸识别之前，要先完成用户人脸的注册。用户先要拍摄多张照片，照片经过人脸检测和预处理得到该用户的图片集，图片集中每一张图的尺寸为 100×100。然后使用cvloadFaceImgArray()函数加载这些照片，再利用 cvCalcEigenObjects()和cvEigenDecomposite()进行 PCA 运算得到平均人脸，特征脸和特征向量，最后将这些结果用 cvWrite<datatype>()保存到该用户相应的 XML 文件中。系统训练的流程及相关函数如图 8.28 所示。

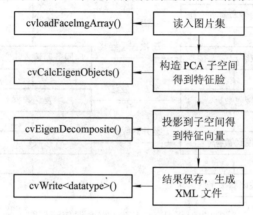

图 8.28　系统训练的流程图

5. 人脸识别的实现

用户使用 RFID 卡刷完卡之后，系统得到用户的编号，然后系统进入人脸识别环节。系统通过摄像头拍摄用户的照片，经过人脸检测和预处理之后，调 cvRead<datatype>()函数读取用户编号对应的 XML 文件，再调 cvEigenDecomposite()函数得到该待测图像的特征向量。根据欧式距离公式，找到距离待测图像最近的人脸样本。进一步计算待测图像与最近样本的相似度，把相似度作为可信值，利用身份判定策略做出身份判定。

8.4.5　其他程序的设计

1. 系统通信的实现

本系统内部除了需要传输视频数据以外，还要传输控制命令和文本、语音、图片留言文件。TCP/IP(Transmission Control Protocol)协议是一种可靠的网络数据传输协议，它能确保传输数据的正确性，不出现丢失或乱序。为了保证系统通信的可靠性，系统采用 TCP/IP协议来实现这部分的系统通信。

Linux 操作系统提供了统一的套接字抽象，通过套接字可以编写不同层次的网络应用。基于套接字(Socket)的 TCP 网络通信的流程包含服务器和客户端两种模式。服务器模式创建一个服务程序，等待客户端用户的连接，接收到用户的连接请求后，根据用户的请求进行处理；客户端模式则根据目的服务器的地址和端口进行连接，向服务器发送请求并对服务器的响应进行数据处理。基于套接字的 TCP 通信流程图如图 8.29 所示。

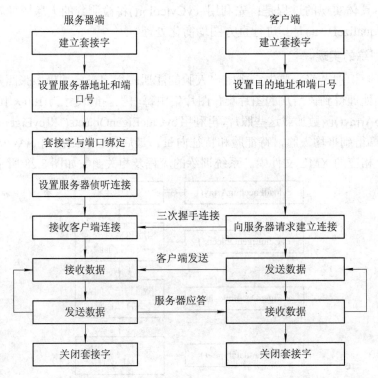

图 8.29　基于套接字的 TCP 通信流程图

在 Qt 中提供了 QTcpSocket 和 QTcpServer 两个类，QTcpSocket 实现了一个 TCP 套接字，QTcpServer 实现了一个 TCP 服务器。本系统程序利用这两个类编写客户端程序和服务器端程序，实现了图 8.29 中的通信过程，完成了收发文件的功能。使用 TCP 发送一个文件的流程图如图 8.30 所示。

2. 数据库模块的实现

本系统采用的是嵌入数据库 SQLITE。在嵌入式系统中较流行的数据库系统有 SQLITE 和 Berkeley DB。Berkeley DB 不能使用标准的 SQL 语言操作，需要专门的 API。SQLITE 是一款小巧、开源和易用的数据库，并且 Qt 对它有很好的支持，所以本系统采用 SQLITE。

要想 SQLITE 能在嵌入式平台上顺利运行，需要对 SQLITE 进行移植。交叉编译和移植的过程如下：

(1) 下载并解压：

    tar -zxvf sqlite-autoconf-3070701.tar.gz

(2) 解压完成之后，进入解压后的目录：

    cd sqlite-autoconf-3070701

运行 sqlite-autoconf-3070701 中的 configure 脚本生成 Makefile 文件：

    #../configure --host=arm-linux --prefix=/root/ssqlite-autoconf-3070701/build/target

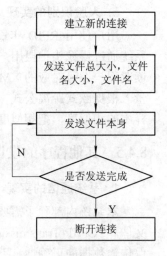

图 8.30　系统发送文件流程图

host：指定使用 arm 交叉编译器进行交叉编译。

Prefix：编译之后目标存放的路径，可自行设定。

然后运行指令：

```
#make
#make install
```

(3) 编译和安装完成之后，在指定的路径/root/ssqlite-autoconf-3070701/build/target 下会生成 4 个文件夹：bin，lib，include，share，将 bin 中的文件拷贝至嵌入式平台的/usr/bin 中，将 lib 文件夹中的所有内容拷贝至嵌入式平台的 lib 文件夹中。

(4) 测试数据库。

先将/usr/bin/sqlite3 的权限修改一下：

```
chmod 755 sqlite3
```

然后在开发板的终端中输入指令：

```
sqlite3 test.db
```

执行的结果为

```
[root@FriendlyARM bin]# sqlite3 test.db
SQLite version 3.7.7.1 2011-06-28 17:39:05
Enter ".help" for instructions
Enter SQL statements terminated with a ";"
```

此时表明 sqlite3 已经移植成功。

3. 语音采集和播放的实现

系统有留言功能，其中一种留言是语音留言，需要实现录音和放音的功能。参考 Qt 帮助文档，对 QAudioInput 类以及 QAudioOutput 类进行操作，实现录音以及放音。需要注意的是，在录音和放音时对音频格式的设置要相同。音频格式设置代码如下：

```
format.setFrequency(8000);
format.setChannels(1);
format.setSampleSize(8);
format.setCodec("audio/pcm");
format.setByteOrder(QAudioFormat::LittleEndian);
format.setSampleType(QAudioFormat::UnSignedInt);
```

4. 指纹识别驱动程序的开发

指纹硬件模块与门禁控制器是通过串口相连。根据该硬件模块的开发协议，程序通过收发特定的串口指令实现指纹操作，包括指纹录入、指纹删除、指纹对比等指令。

在本系统中，将这些具体的指令操作都封装在指纹识别驱动中。当 Linux 系统启动时，通过 insmod 动态加载该驱动模块，界面程序通过调用它的接口实现对硬件设备的各种操作。

一个驱动模块主要有头文件、模块参数、模块功能函数、模块加载函数、模块卸载函数、模块许可声明组成。

module_init(ZHIWEN_init)是内核模块的一个宏，用来声明模块的加载函数，也就是在使用 insmod 命令加载模块时，调用初始化函数 ZHIWEN_init()。该初始化函数在这里的功能是初始化串口。串口的配置：波特率 19200，校验位 none，数据位 8，停止位 1。

模块功能通过 ioctl 函数实现。它的函数原型：static long ioctl(struct file *fd, unsigned int cmd, unsigned char* arg)。其中 fd 是驱动模块的设备号；cmd 是命令号；arg 为对应的参数。

具体的命令和参数见表 8.4。

表 8.4　驱 动 命 令 表

cmd	命令含义	arg 参数含义	函数返回值
ADD_USER	添加用户	无	返回是否添加成功：1 成功 0 失败
CHECK_USER	比对指纹	无	返回是否比对成功：1 成功 0 失败
DEL_USER	删除某个用户	用户编号	返回是否删除成功：1 成功 0 失败
DEL_ALL_USER	删除所有用户	无	返回是否删除成功：1 成功 0 失败

代码编写完之后，就要编译驱动模块了。在编译时，需要满足几个条件：

(1) 确保使用正确版本的编译工具和模块工具，不同版本的内核需要不同版本的编译工具。

(2) 应该有一份内核源码，该源码的版本和目标系统使用的内核版本一致。

(3) 内核源码应该至少成功编译过一次。

等以上条件都满足后，利用 Makefile 文件在模块所在的目录下执行 make 命令就能生成所要的驱动模块 ZHIWEN.ko。然后将 ko 文件拷贝到目标系统中，记下路径，比如就在根目录下。为了能让该模块在系统启动时能够自动加载，在/etc/init.d/rcS 文件中添加一行指令：/sbin/insmod /ZHIWEN.ko。RFID 卡和 GSM 硬件设备的驱动模块开发过程也大致相同。

5. 网络服务器的建立

为了能在系统平台中实现网络功能的拓展，使上位机能通过 PC 网页与门禁系统平台通信，需要在系统中建立一个嵌入式的网络服务器。这里选择 BOA 作为网络服务器。BOA 服务器是一个小巧高效的 Web 服务器，它的可执行代码只有 60 KB 左右。它可以运行于嵌入式系统的 Unix 或 Linux 中，同时支持 CGI 功能。同时它的源代码开放、性能高、安全性高。移植 BOA 的步骤和配置如下：

1) BOA 移植

(1) 解压 BOA 源码。

在/usr/local/下解压：

    tar xzf boa-0.94.13.tar.gz

(2) 生成 Makefile 文件。

进入 boa-0.94.13，直接运行 src/configure 文件：

    ./configure

(3) 修改 Makefile 文件。

    CC = arm-linux-gcc

    CPP = arm-linux-gcc –E

(4) 交叉编译。

    make

去除调试信息，减小体积(可选)。

　　　arm-linux-strip boa

(5) 将编译好的程序放入嵌入式平台的根文件系统的/bin 目录下，可以通过 NFS 拷贝过去。

　　　cp　　boa　　/home/zjy/armshare

在 dnw 中：

　　　cp　　/mnt/nfs/boa　　/bin

2) 配置 BOA

BOA 需要在嵌入式平台的/etc 目录下建立一个 boa 目录，里面放入 BOA 的主要配置文件 boa.conf。在 BOA 源码目录下已有一个示例 boa.conf，可以在其基础上进行修改。

(1) Group 修改。修改 Group nogroup 为 Group 0。不要修改 User nobody，修改后可能导致 BOA 无法启动。

(2) 修改 DocunmentRoot　/usr/local/boa。

(3) 修改 ScriptAlias　/cgi-bin/　/usr/local/cgi-bin/。

3) 运行 BOA。

在 dnw 中：

　　　#boa

然后输入#ps，查看进程，如果有，就说明 BOA 已经启动了。

前面主要叙述了系统软件部分的设计工作。首先搭建软件开发平台：选用了嵌入式 Linux 操作系统，使用 Qt 作为图形界面开发工作并搭建了 Qt 开发环境，举例说明了 Qt 界面程序的开发过程，使用开源计算机视觉库 OpenCV，建立交叉编译环境，移植 Bootloader、内核、根文件系统；然后阐述了系统的软件架构和模块化的设计思想，进一步完成各个界面程序的开发；介绍了嵌入式 Linux 中的设备驱动程序，完成了摄像头视频图像的采集、显示和传输的功能；进一步实现了系统人脸识别的功能；完成了文件通过 TCP 套接字传输的功能；完成了数据库模块的设计；完成了语音采集、播放部分的设计和指纹识别驱动程序的开发。

思　考　题

1. 智能家居系统的一般组成有哪些，请设计一个总体方案。
2. 智能家居的技术一般包括哪些，如何衔接实现？

参 考 文 献

[1] 刘连浩. 物联网与嵌入式系统开发[M]. 北京：电子工业出版社，2012.

[2] 张晓林，崔迎炜，等. 嵌入式系统设计与实践[J]. 北京航空航天大学出版社，2006：88-205.

[3] SAMSUNG Electronics. S3C6410x 32-bit RISC microprocessorusers manual(revision1.2) [EB/OL]. http://www.samsung.com，2011.

[4] SAMSUNG Electronics. S3C6410X RISC Microprocessor Users Manual(Revision 1.10) [EB/OL]. http://www.samsungsemi.com/，2008.

[5] 吴健. 基于 ARM 的嵌入式 USB 图像采集与显示[J]. 现代显示，2011(08).

[6] TFS-M51 指纹二次开发模块用户手册[EB/OL].

[7] 杨彦格. 3G 移动终端软硬件技术发展趋势[J]. 移动通信，2012(03).

[8] 熊丹. 常见的嵌入式操作系统[J]. 电子世界，2011(10).

[9] 倪继利. Qt 及 Linux 操作系统窗口设计[M]. 电子工业出版社，2006.

[10] 黄俊杰. 基于 Linux 的网络协议学习系统设计与实现[D]：[硕士学位论文]. 湖南：中南大学，2009.

[11] OpenCV WiKi[EB/OL]. http://opencv.willowgarage.com/wiki/Welcome，2014.

[12] hina-OpenCV[EB/OL]. http://www.opencv.org.cn，2014.

[13] 郭晖，陈光. 基于 OpenCV 的视频图像处理应用研究[J]. 微型机与应用，2010(21).

[14] 王兴杰，李允，江浩，李涛. 基于 Linux 的嵌入式交叉开发技术[J]. 计算机应用研究，2008(01).

[15] 赵晓凤. 浅谈嵌入式 Linux 开发中 NFS 的安装配置[J]. 科技创新导报，2010(36).

[16] 王勇，杨勇. 嵌入式操作系统 Linux 的应用移植[J]. 测控技术，2006(10).

[17] 万永波，张根宝，田泽，杨峰. 基于 ARM 的嵌入式系统 Bootloader 启动流程分析[J]. 微计算机信息，2005(22).

[18] Robert Love. Linux Kernel Development[M]. 2010.

[19] 文宇波，杨恢东. 构建和移植嵌入式 Linux 的根文件系统[J]. 微计算机信息，2010(14).

[20] Jonathan Corbet，Greg Kroah-hartman，Alessandro Rubini. Linux Device Drivers[M]. 2005.

[21] 张辉，李新华，刘波，钱翔. 基于 V4L2 的视频设备驱动开发与移植[J]. 电脑知识与技术，2010(15) .

[22] Bill Dirks. Video for Linux Two API Specification(Revision 0.24)[DB/CD]. Michael H-Schimek.

[23] Internet Society (ISOC). RTP Payload Format for H.264 Video. (RFC3984) [DB/CD]. 2005.

[24] Gary B，Adrian K. Learning openCV：computer visionwith the openCV library[M]. 2008.

[25] 郭晖，陈光. 基于 OpenCV 的视频图像处理应用研究[J]. 微型机与应用，2010(21).

[26] Phillip Ian Wilson，John Fernandez. Facial feature detection using Haar classifiers[J]. Journal of Computing Sciences in Colleges，2006.

[27] 秦小文，温志芳，乔维维. 基于 OpenCV 的图像处理[J]. 电子测试，2011(07).

[28] 刘静. 基于 OpenCV 机器视觉库的人脸图像预处理方法研究与实现[J]. 电子设计工程，2012(16).

[29] Turk Matthew，Pentlad Alex. Eigenfaces for recognition[J]. Journal of Cognitive Neuroscience，1991.

[30] 黄布毅，张晓华. 基于 ARM-Linux 的 SQLite 嵌入式数据库技术[J]. 单片机与嵌入式系统应用，2005(04).

[31]　李桥. 嵌入式 Linux 设备驱动程序的开发研究[J]. 计算机与数字工程，2009(02).

[32]　田启川，张润生. 生物特征识别综述[J]. 计算机应用研究，2009(12).

[33]　雷玉堂. 各类门禁系统的比较及其发展[J]. 中国公共安全(市场版)，2007(Z1)：120-125.

[34]　陈青. 单片机控制的智能门禁系统设计[J]. 科技资讯，2011(14).